Kurt Allgeier

Der 100jährige Kalender

KURT ALLGEIER

Der 100jährige Kalender

Nach Abt
Mauritius Knauer

tosa

Umschlag von Beate Dorfinger unter Verwendung eines Dias von AKG Photo, Archiv für Kunst und Geschichte

Druck: Ueberreuter Print

Inhalt

Kalender – der erste und ewige Versuch, sich auf der Erde zurechtzufinden

Titelblatt der von Kulmbach ausgehenden Drucke seit dem Jahre 1704

Die älteste und ursprüngliche Wissenschaft ist die Kalenderkunde. Schon mit den allerersten, zögernden Versuchen, sich selbst und die Umwelt zu begreifen, entdeckte der Mensch vor urdenklichen Zeiten die großen harmonischen Rhythmen:

☆ Jeden Morgen steigt die Sonne im Osten am Horizont empor, erhebt sich strahlend in die höchste Höhe des Himmels, um im Westen wieder zu versinken.
☆ Dem Tag folgt die Nacht. In stetigem Rhythmus werden die Tage länger, die Nächte kürzer. Doch dann kehrt sich das Ganze um. Dann werden die Nächte wieder länger und die Tage kürzer. Die Natur erwacht zum Leben. Sie beginnt zu blühen, trägt Früchte und erstirbt in Winterstarre.
☆ In den Nächten beherrscht der Mond den Sternenhimmel. Er wandelt sich von der dünnen, kaum sichtbaren Sichel zur runden, hell-leuchtenden Scheibe – um erneut zur Sichel abzumagern und schließlich ganz zu verschwinden.
☆ Neben dem Mond erstrahlen am Nachthimmel die großen Sternbilder. Sie wahren ihre Form bei ihrer Wanderung über den Himmel. Denn der ganze Himmel dreht sich langsam, kaum merklich um den einen Stern im Norden, den Polarstern.
☆ Zwischen den Fixsternen wandeln fünf ›Irrläufer‹ scheinbar willkürlich, die Planeten. Doch nein. Obwohl sie manchmal vorwärts, dann wieder rückwärts laufen, gibt es auch für ihren Kurs eine berechenbare Ordnung, ein System.

Alle diese Rhythmen aber, das müssen die beobachtenden Menschen vor vielen Jahrtausenden schon erkannt haben, stehen in einem ganz direkten Zusammenhang mit den Jahreszeiten, mit dem Erblühen und Welken der Natur, mit Wetter und Naturkatastrophen, mit

Erntesegen und Hungersnöten, mit Gesundheit und Krankheit.

Der Mensch hätte sich niemals über das Tierreich erhoben, sich die Erde nicht ›untertan machen‹ können, wäre er nicht von Anfang an darum bemüht gewesen, das System, die Ordnung der unübersehbaren Rhythmen zu erfassen, um damit zu erfahren, wie lange es dauert, bis Tag und Nacht wieder gleich lang sind, bis es draußen wärmer wird, bis die Zeit der großen Regenfälle, der Überschwemmungen kommt.

Alle Naturzahlen sind ›ungerade‹

Bei solchen Versuchen der Berechnung und der Erkenntnis des Hintersinns gab es ein besonderes Problem, das uns auch heute noch zu schaffen macht: Alle Zahlen der Natur sind ›ungerade‹. Das Jahr, also der Zeitraum, der vergeht, bis im Frühjahr wiederum Tag und Nacht gleich lang dauern, läßt sich nicht durch ganze Tage teilen, sondern es bleibt ein Rest von ein paar Stunden übrig. Auch die Mondrhythmen sind nicht einfach mit dem Sonnenrhythmus in Einklang zu bringen. 12 komplette Mondrhythmen, 12 Monate, ergeben kein Sonnen-Jahr, sondern nur 354 Tage. Wiederum bleibt ein Rest übrig. Und auch der Mondumlauf um die Erde ist ›ungerade‹. Er dauert nicht genau 29 Tage, sondern braucht fast einen halben Tag mehr.

Vom Mond-Jahr zum Gregorianischen Kalender

Solche Unstimmigkeiten zwischen den großen Zeit-Rhythmen waren wohl so ziemlich von Anfang an bekannt. Die verschiedenen Völker versuchten das Problem auf ihre Weise zu lösen: Die einen richteten sich nach dem Mond. Ein Jahr war für sie 12 Monate lang. Sobald das nicht mehr stimmte, wurde ein 13. Monat eingeschoben. Damit dauerte das Jahr dann zwischen 353 und 385 Tagen. Andere, etwa die Ägypter, hatten bereits das Sonnen-Jahr. Mit 365 Tagen war es schon erstaunlich genau. Doch den Himmelskundigen konnte nicht verborgen bleiben, daß die großen Sternbilder sich langsam durch das Jahr hindurch verschoben. Himmel und Kalender gerieten bei dieser Zeitrechnung mehr und mehr auseinander. Alle vier Jahre um einen weiteren Tag.

Das genaue Jahr mußte also 365 1/4 Tage zählen.

Erst Julius Cäsar hat den Kalenderfehler im Jahre 46 v. Chr. korrigiert. Er ordnete an, daß alle vier Jahre ein Schalttag eingeschoben und damit das Jahr auf 366 Tage verlängert wird. Das funktionierte fast 1600 Jahre lang. Dann war es wieder einmal unübersehbar geworden: Der Kalender stimmte nicht mehr. Es fehlten mittlerweile wiederum 10 Tage. Papst Gregor XIII. ließ ihn erneut reformieren. Auf den 4. Oktober 1582 folgte unmittelbar der 15. Oktober. Von da an ist nicht mehr jedes vierte Jahr automatisch ein Schaltjahr. Die Jahrhundertjahre 1600, 1700, 1800, 1900 wurden nur noch dann als Schaltjahre um einen Tag verlängert, wenn sich die ersten beiden Zahlen durch 4 teilen ließen. Denn soviel wußte man nun genauer: Das Jahr hat nicht 365 1/4 (= 365,25) Tage, sondern ein bißchen weniger, nämlich nur 365,2425 Tage. Der Gregorianische Kalender stimmt nun so exakt, daß erst in rund 1000 Jahren der entstandene Fehler von einem Tag korrigiert werden muß.

Interessanterweise lassen sich Zahlen wie 365,2425 bereits in den Abmessungen der ägyptischen Pyramiden finden, die schon vor 4700 Jahren erbaut wurden. Und dort gibt es darüber hinaus noch eine Reihe anderer Hinweise, die darauf schließen lassen, daß die Menschen in früheren

Zeiten noch viel enger mit der Natur verbunden waren und deshalb – man könnte beinahe sagen – instinktiv das Richtige taten. Um nur ein paar der verblüffenden Zusammenhänge zu nennen: Da gab es beispielsweise eine Maßeinheit, nach der offensichtlich die Cheops-Pyramide errichtet wurde, das ›Pyramidenzoll‹, 2,54 Zentimeter lang. 25 dieser Zolleinheiten, die sogenannte ›Heilige Elle‹ – 63,5 cm – entsprechen genau dem zehnmillionsten Teil des Erdradius, also der Strecke vom Pol oder vom Äquator zum Erdmittelpunkt. Ein Maß, noch genauer als unser heutiger Meter.

Der Umfang der Pyramide an der Grundfläche umfaßt genau 36 524 Pyramidenzoll, nämlich fast 928 Meter. Damit sind die Tage des Sonnen-Jahres auf die Stellen hinter dem Komma genau angegeben: 365,24. Woher hatten die Pyramidenerbauer ihr Wissen? Oder sollte das alles nur Zufall sein? Auch der Abstand der Erde von der Sonne und viele andere Größen lassen sich in der Cheops-Pyramide finden. Blickt man durch die Öffnung eines Ganges, der zur Königskammer in der Cheops-Pyramide führt, blickt man genau auf den Polarstern. Die ganze Pyramide ist genau nach den Himmelsrichtungen ausgerichtet. Eine unvorstellbare Leistung für Menschen, die wir heute so gerne als primitiv und ungebildet einstufen. Sie waren es nicht. Sie besaßen allerdings ein anderes, ein natürliches Wissen, das uns Menschen des 20. Jahrhunderts wohl gänzlich verlorengegangen ist.

Und dieses Wissen war auch notwendig, im wahrsten Sinne des Wortes. Die Menschen früherer Zeiten hätten im Kampf mit den Naturgewalten nicht bestehen können, wäre ihnen nicht sehr früh schon gelungen, die natürlichen Rhythmen zu erkennen und sich entsprechend darauf einzurichten.

Kein Erntesegen ohne Kalender

Der Hirte und Jäger Abel, Sohn des Adam, brauchte nicht unbedingt einen Kalender. Sein Bruder Kain dagegen, der Landmann, war vom Wetter abhängig. So ist es kein Zufall, daß sich die Kalender hauptsächlich als Bauernkalender durch die Jahrtausende gehalten haben.

Vor allem in den Ländern der großen Flüsse, im Zweistromland mit Euphrat und Tigris, in den Kulturländern rechts und links des Nils, in Indien beim Ganges, in China mit seinem Jangtsekiang war es eine Frage des Überlebens: Wann wird die große Flut anrollen, die den fruchtbaren Schlamm über den Boden schwemmt und ihm damit Fruchtbarkeit verleiht? Wann sollen Korn und Weizen ausgesät werden, damit die Ernte gedeiht, ertragreich wird und nicht Wetterkatastrophen zum Opfer fällt?

So lernte man etwa die Bedeutung der Mondphasen kennen und schuf ›Bauernregeln‹ – ein Versuch, die Witterung in ihrem großen Rhythmus zu begreifen. Viele von ihnen fußen auf Beobachtungen durch Jahrtausende und werden heute – wir werden es noch sehen – von moderner Wissenschaft bestätigt.

Das Weltbild des Mittelalters

Selbstverständlich wurden bei solchem Forschen sehr früh schon auch die Planetenumläufe beachtet. Bis vor rund 400 Jahren – das muß man sich ins Gedächtnis rufen – galten die Gestirne am Himmel nicht als Teil des Diesseits, vergleichbar der Erde und dem Leben auf ihr.

Die Erde, so stellten es sich die Menschen vor, ist eine riesige Scheibe. Über ihr wölbt sich der Himmel, jener einzige sichtbare Teil der Ewigkeit, ebenso vollkommen und unvergänglich wie die Götter – oder später wie Gott

Das Weltbild des Mittelalters,
aus Konrad von Megenbergs ›Buch der Natur‹,
um 1482

selbst, der in ihm wohnt. Wenn sich in diesem ewig gültigen Jenseits etwas bewegt, seien es nun Sonne, Mond oder Planeten, dann, so sagten sich die Menschen damals, konnte diese Bewegung nur der Fingerzeig der Allmacht sein. Und wem sollte Gott, der Schöpfer, etwas zeigen sollen, wenn nicht den Menschen?

Die Schlußfolgerung daraus konnte nur lauten: Der Mensch darf nicht nur, er muß das beachten, was ihm ›von oben‹ als Hilfe angeboten wird.

Der große Prophet, Arzt und Astrologe Michel Nostradamus hat versucht, ganz im Sinne der großen Geister des Mittelalters, diese Möglichkeit, ›Gott auf die Finger zu sehen‹ und damit die Zukunft zu erfassen, so zu erklären:

»Wir Menschen können aus natürlicher Einsicht und Neigung die verborgenen Geheimnisse Gottes des Schöpfers nicht automatisch erkennen, weil es nicht unsere Sache ist, ›die Zeit und den Augenblick zu kennen‹. Gleichwohl gibt es jetzt wie in der Zukunft Leute, durch die Gott der Schöpfer in bildhaften Impressionen einige Geheimnisse der Zukunft enthüllen will. Diese Geheimnisse stehen im Einklang mit der berechenbaren Astrologie... Tatsachen lassen nämlich auf Ursachen zurückschließen, die von sich aus nicht erfaßbar wären. Sie werden begriffen unter der Wölbung des Himmels selbst, der greifbaren Gegenwart der ganzen Ewigkeit. Sie hält alle Zeit umarmt. Dank dieser unteilbaren Ewigkeit aber und durch die kreisförmigen Bewegungen sind die Ursachen der Vorgänge erkennbar.«

Einfacher ausgedrückt: Wer die Sterne beobachtet und ihren Lauf ergründet, kann Gottes Gedanken lesen und somit erfahren, was kommen wird.

Wenn zwischen den seit Jahrmillionen gleichförmigen Sternbildern Planeten ›umherirren‹, so sagten sich die Sternkundigen wie Nostradamus, dann muß ihr Lauf etwas zu bedeuten haben – für die Menschen. Aber was?

Eben das galt es herauszufinden: Was passiert unten auf der Erde, wenn Venus, Mars, Jupiter und die anderen Gestirne eine bestimmte Position eingenommen haben? Was bedeutet es, wenn sich die Wanderer am Himmel begegnen, einander gegenüberstehen, zueinander bestimmte Winkel bilden?

Jahrtausende bevor es das Fernrohr gab – und obwohl die Himmelsforscher von einem völlig falschen Bild des Kosmos ausgingen –, konnten sie den Stand der Planeten genau vorausberechnen. Nostradamus hat um 1540 die Sonnenfinsternis vom 11. August 1999 auf den Tag genau berechnet – obwohl er noch der Meinung war, die Sonne würde sich um die Erde drehen.

Daß er wie alle Astrologen vor ihm Mond und Sonne zu den ›Wandersternen‹ rechnete, ist von seinem Weltbild her verständlich: Sie gehörten zu den Himmelszeichen, die im Gegensatz zu allen anderen eigene Wege gingen.

Die Beobachtungen durch die vielen Jahrtausende – großenteils schon auf den ältesten Tontafeln festgehalten – entdeckten immer mehr Gesetzmäßigkeiten, neue Rhythmen, die offensichtlich mit dem Lauf der ›sieben Planeten‹ (Sonne, Mond, Venus, Merkur, Mars, Jupiter und Saturn) in direkter Beziehung standen. Am auffälligsten war dabei der Sieben-Jahres-Rhythmus.

Der Traum des Pharao – und die Deutung durch Joseph

Joseph, der von seinen Brüdern nach Ägypten verkaufte Sohn des Jakob, hatte mit diesem Rhythmus schon vor etwa 3500 Jahren zu tun. Er kannte ihn und wußte ihn zu deuten. Als der Pharao von den sieben fetten und sieben mageren Kühen träumte, die aus dem Nil gestiegen waren – die fetten wurden von den mageren aufgefressen –, von den sieben Ähren, die an einem Halm wuchsen und wiederum von sieben dürren Ähren verschlungen wurden, da deutete der Jude Joseph ihm den Traum: »Dein Traum Pharao, ist unzweideutig. Gott tut dir kund, was er zu tun gedenkt. Die sieben schönen Kühe sind sieben Jahre. Die sieben schönen Ähren sind auch sieben Jahre. Nur ein einziger Traum ist es. Und die sieben mageren und häßlichen Kühe, die nach ihnen kamen, sind sieben Jahre, die sieben leeren vom Ostwind versengten Ähren bedeuten sieben Hungerjahre. Also: Es werden sieben Jahre kommen mit großem Überfluß im ganzen Land Ägypten. Nach ihnen kommen sieben Hungerjahre. Dann wird man nichts mehr spüren von irgendwelchem Überfluß im Land Ägypten. Dann zehrt der Hunger im Lande... Daß der Traum des Pharao zweimal in verschiedener Form geträumt wurde, bedeutet: Die Sache ist fest bei Gott beschlossen. Sie steht unmittelbar bevor.«

Joseph gab dem Pharao den Rat, Aufseher einzusetzen und in den ›fetten Jahren‹ den fünften Teil der Ernte als Abgabe zu erheben und in den Städten zu speichern, damit ein Vorrat für die bevorstehenden Hungerjahre angelegt werden könnte.

Der Pharao ist diesem Rat Josephs gefolgt – wie sich bald zeigen sollte, zum Segen Ägyptens. Denn nach den sieben Jahren des Überflusses, so berichtet das Alte Testament im Buch Genesis (37–50), kamen tatsächlich die sieben Hungerjahre.

Die Ägypter hatten in den sieben ›fetten‹ Jahren so große Vorräte angelegt, daß sogar andere Völker und Stämme in der Notzeit zu ihnen kommen konnten, um Getreide zu kaufen.

Die ›heilige‹ Zahl 7

Sieben – die heilige Zahl taucht nicht nur im Schöpfungsbericht und in solchen ›Anekdoten‹ auf, die zeigen, welche Rolle das Vorherwissen über gute und schlechte Jahre spielte. Sie ist schon immer und bei den verschiedensten Völkern als Grundordnungszahl des Kosmos verstanden worden: In sieben Tagen wurde die Welt geschaffen. Sieben Tage hat die Woche. Es gibt sieben Tugenden und sieben Todsünden. Mit sieben Siegeln ist das Buch der Zukunft in der Apokalypse verschlossen. Selbst im Märchen finden sich sieben Raben, sieben Geißlein. Die Beispiele könnten beinahe beliebig fortgesetzt werden.

Weil am Himmel vor der Entdeckung des Neptun, Uranus und Pluto sieben ›Leuchten‹ beobachtet wurden, lag es nahe, ihnen die ›Herkunft‹ über jeweils ein Jahr zuzuordnen. Mit Frühjahrsbeginn, am 21. März, übernimmt einer der Wanderer am Himmel die Regentschaft von seinem Vorgänger – und drückt den folgenden zwölf Monaten seinen Stempel auf. Somit gab es in stetigem Wechsel ein Sonnen-Jahr, ein Venus-Jahr, ein Merkur-Jahr, ein Mond-Jahr, ein Saturn-Jahr, ein Jupiter-Jahr und ein Mars-Jahr.

Es läßt sich heute nicht mehr mit Sicherheit feststellen, wie alt die Vorstellung von der Regentschaft der sieben wandelnden Gestirne über die Jahre ist. Man weiß nur, daß sie schon im alten Babylon bekannt war und im Mittelalter einen hohen Stellenwert innerhalb der Astrologie einnahm.

Und nicht nur die Jahre, jeder Tag und sogar die Stunden wurden unter einen der sieben ›Regenten‹ gestellt. Die Benennung der Wochentage gibt noch heute Aufschluß darüber. Sonntag = Tag der Sonne. Montag = Tag des Mondes (französisch lundi). Dienstag = Tag des Mars (französisch mardi). Mittwoch = Tag des Merkur (französisch mercredi). Donnerstag = Tag des Zeus (französisch jeudi). Freitag = Tag der Venus (französisch vendredi). Samstag = Tag des Saturn (englisch saturday).

Damit war nicht irgendeine willkürliche Einteilung getroffen, sondern die Leute waren fest davon überzeugt, daß jeder Tag und jedes Jahr die typischen Merkmale seines ›Herrschers‹ trägt.

Der Mensch – ein getreues Abbild des Kosmos

So darf es keinesfalls verwundern, daß ein Mann wie der so umfassend gebildete Paracelsus, der Vater der modernen Heilkunde, diese Einteilung und Zuordnung bei der Behandlung seiner Patienten sehr wohl beachtete – soweit es nur möglich war. Er heilte die Organe Magen und Milz vornehmlich am Samstag. Leber und Darm am Donnerstag, die Galle am Dienstag, Herz und Augen am Sonntag, das Gehirn und die Drüsen am Montag. Lungen und Nieren am Mittwoch, den Unterleib am Freitag.

»Die Organe«, so sagte er, »sind den Gestirnen zugeordnet. Sie leben im selben Rhythmus wie jene, deshalb gibt es gute und weniger gute Stunden für ihre Behandlung.« Dabei glaubte er sicherlich nicht an einen direkten Einfluß der Gestirne, sondern er wußte, daß Kosmos und Mensch eine untrennbare Einheit bilden. »Der Arzt, der die Astronomie nicht kennt, der kann nicht als vollkommener Arzt bezeichnet werden«, warnte er – um gleich hinzuzufügen: »Es sind aber nicht die Sterne am Himmel, die euch plagen, sondern die ›inneren Planeten‹ in euerem Körper.«

So eng fühlte sich der Mensch vor 400 Jahren noch mit der Natur verbunden – und mit dem Kosmos ganz allgemein –, daß er ganz selbstverständlich davon ausging, auch die Organe und die Funktionen des Körpers müßten dem großen Naturrhythmus unterworfen sein. Herz und Augen haben in der Sonne das bestimmende Spiegelbild, der Magen hat es im Mond...

Man mag die Theorien eines Paracelsus als primitiv abtun, vielleicht sogar nachsichtig belächeln. Doch ebenso wie die Alten trotz ihres falschen geozentrischen Weltbildes den Lauf der Planeten richtig berechnen und genaue Kalender erstellen konnten, so hatte auch ihre Erfahrung vom Einklang des Lebensrhythmus mit dem Rhythmus des Kosmos trotz irriger Vorstellungen über die Zusammenhänge letztlich seine Richtigkeit. Dahinter kommen wir erst in unseren Tagen.

Als sich im Jahre 1652 der Abt von Langheim, Dr. Mauritius Knauer, daranmachte, das zu erstellen, was dann als 100jähriger Kalender bekannt und berühmt wurde, da hat er nicht dem Überschwang abenteuerlicher Fantasie freien Lauf gelassen. Er schuf auch nicht etwas grundlegend Neues, geprägt von verabscheuungswürdigem Aberglauben. Vielmehr versuchte er, das Kalenderwissen seiner Zeit, gewachsen und gereift in Jahrtausenden, für die Heimat zu einem praktischen, hilfreichen Kalender zu fassen. Eine Arbeit, die in den zurückliegenden Jahrhunderten weitgehend mißverstanden und auch vielfältig mißbraucht wurde.

Abt Mauritius Knauer – der Vater des 100jährigen Kalenders

Einziges Bildnis Knauers.
Kupferstich von Demleutner, der 34 Langheimer Äbte in einem um 1720 erschienenen Tafelwerk konterfeite

Er muß eine sehr eigenwillige, kraftvolle Persönlichkeit gewesen sein, der Moritz Knauer. Ein dickköpfiger, äußerst gescheiter und gelehrter Franke aus Weismain. Ein Bauernkind, verwurzelt dem Boden seiner Heimat, vom Vater, dem Bürgermeister des Dorfes Weismain, schon von klein auf mit Wetterregeln und Beobachtungen der Natur vertraut gemacht.

Am 14. März 1613, also noch vor dem Dreißigjährigen Krieg, wurde Moritz Knauer geboren. Die Zeiten waren alles andere, nur nicht friedlich, vielversprechend oder gar aussichtsreich. Hunger, Pest, mörderische Kriegshandlungen hätten damals beinahe die Menschen in Europa ausgerottet.

Der junge Moritz kam seiner großen Begabung wegen 1631 in die nahegelegene Klosterschule der Zisterzienser nach Langheim. Ein Verwandter ermöglichte ihm das Studium. Das Kloster schickte ihn bald sogar nach Wien, um dort seine Studien fortzusetzen. In Wien studierte er Theologie – aber auch Medizin und, was damals noch möglich war, Astrologie.

Als er von Wien zurückkehrte, machte der junge Mauritius Knauer im Heimatkloster rasch Karriere. Schon mit 32 Jahren war er Subprior, ein Jahr später Prior. 1648 promovierte er an der Universität Bamberg zum Doktor der Theologie.

Wieder ein Jahr später wählte man ihn zum Abt von Langheim, einem damals sehr einflußreichen, angesehenen Kloster, das direkt dem päpstlichen Stuhl unterstellt war. Der heilige Bischof Otto von Bamberg hatte es 1132/33 gegründet und von Ebrach aus besiedelt.

Es ist im Jahre 1802 von einem geisteskranken Mönch in Brand gesteckt und ein Jahr später aufgegeben worden. Seither sind nur noch Ruinen der barocken Anlage zu bewundern.

Der streitbare Abt von Langheim

Der junge Abt Mauritius Knauer hatte zeitlebens alles unternommen, das Kloster zu einer neuen Blüte, zur Hochburg der Wissenschaft, aber auch zur wirtschaftlich gefestigten, unabhängigen Gemeinschaft zu formen.

Dabei legte er sich nach und nach mit allen weltlichen und geistlichen Behörden an. Erst kämpfte er, den Bamberger Fürstbischof im Rücken, gegen die Bamberger Behörden. Dann entzweite er sich mit dem Bischof selbst – Kaiser Ferdinand als Gönner und Beschützer hinter sich wissend. Zuletzt ließ aber auch der Kaiser den streitbaren Abt fallen. Der Bischof konnte ihn gefangensetzen. Dessen Soldaten schleuderte Knauer den Kirchenbann entgegen: »Verflucht sollt ihr sein in alle Ewigkeit ...«

Trotz und Starrköpfigkeit nützten ihm nichts. 1652 mußte der Abt klein beigeben und auf Vorrechte verzichten. Nur unter dieser Bedingung ließ man ihn wieder als Abt nach Langheim zurückkehren. Die Leute seiner fränkischen Heimat wußten allerdings, daß diese kraftvolle Gestalt ihre letzten Trümpfe noch nicht ausgespielt hatte. Als kurz nach seiner Freilassung der Bamberger Fürstbischof völlig unerwartet verstarb, der Domdekan von Künzburg dem Wahnsinn verfiel und ein dritter Gegner einem Blutsturz erlag, da war es für alle klar: Der Abt hat seine Feinde mit starkem Fluch getötet. Mit ihm darf man sich nicht ungestraft anlegen.

Der Astronom im ›blauen Turm‹

Nicht zuletzt der Respekt vor solcher ›Mächtigkeit‹ machte es möglich, daß der Abt fortan das Kloster in seinem mehr als eigenwilligen Stil führen konnte. Man darf annehmen, daß es diesem Mann nicht an Frömmigkeit fehlte. Doch sein Blick nach ›drüben‹ beschränkte sich nicht auf Gebet und Andacht, er benützte auch das Fernrohr.

Im Kloster ließ er eine Art Observatorium errichten, den sogenannten ›blauen Turm‹. Und dort saß er Nacht für Nacht und blickte hinauf zu den Sternen. Sie waren für ihn – da stand er ganz in der Tradition der alten Astrologen, die sich noch Astronomen genannt hatten – Fingerzeige des Schöpfers. Für ihn wäre es geradezu eine Sünde gewesen, diese Hinweise und Hilfen Gottes nicht zu beachten. Er wäre sich vorgekommen wie ein unfolgsames Kind, das sich weigert, Lesen zu lernen, obwohl man ihm doch gesagt hat, daß es in den Büchern Wissen und Weisheit findet. Wozu ließ der Schöpfer denn die Sterne kreisen und immer neue Konstellationen bilden, wenn nicht, damit die Menschen aus diesen Hinweisen Nutzen ziehen können? Seinen Kritikern hielt er den uralten Schriftvers vor: »Auf das Werk Gottes blicken sie nicht. Und das Werk seiner Hände sehen sie nicht.«

Dem gelehrten Abt ging es nicht darum, Horoskope zu erstellen oder gar das eigene Schicksal zu erfahren. Er hielt sich an das, was die Meister der mittelalterlichen Scholastik, Albertus Magnus und Thomas von Aquin, schon festgelegt hatten: Die Geschicke der Weltgeschichte sind im Lauf der Sterne festgelegt, von altersher. Die Sterne sind die ›Werkzeuge des ersten Bewegers‹, der sie in Gang gesetzt hat. »Die Figuren des Himmels waren vor allen übrigen erschaffenen Dingen da. Und eben deshalb haben sie einen Einfluß auf alles, was nach ihnen entstanden ist.« Demnach muß alles Werden und Vergehen auf Erden, alles Wachsen und Gedeihen im entsprechenden Rhythmus synchron mit dem Kosmos sich vollziehen. Auch das Schicksal der Menschheit im Krieg, in Seuchen, Katastrophen, mit Erfindungen, Fortschritten ist am Himmel ablesbar.

Nicht aber die künftigen Geschicke des einzelnen Menschen. Denn er kann sich von der Herrschaft der Natur freimachen und sein Schicksal selbst bestimmen, je besser es ihm gelingt, sich von seinen natürlichen Trieben freizumachen.

Oder wie Ptolemäus es schon ausgedrückt hat: »Ein weises Gemüt veredelt die himmlischen Einflüsse.«

So gesehen war das, was der Abt Mauritius Knauer tat, nicht gegen die Glaubenslehre seiner Kirche, sondern voll im Geist christlicher Weltanschauung. Albertus Magnus, von der katholischen Kirche heiliggesprochen, hatte doch erklärt: »Die Vorhersage künftiger, natürlicher Dinge, die zwangsweise eintreten, wie Finsternisse, Seuchen, Katastrophen, sind nicht nur erlaubt – sondern verdienstvoll. Unerlaubt, verwerflich, sündhaft ist nur die Vorhersage, die vom Geburtshoroskop eines Menschen ausgeht und versucht, dessen Zukunft vorherzusagen.«

Mauritius Knauer blickte zu den Sternen, weil er als Bauernkind erdverbunden geblieben war und wußte, wie sehr die Ernten auf den Feldern vom Wetter abhängig sind – und das Wetter von kosmischen Einflüssen.

Mit 100 Jahren hat der ›100jährige‹ nichts zu tun

Als er sich daranmachte, einen neuen, praktischen Kalender zu erstellen, lag es ihm fern zu behaupten, das Wetter wiederhole sich alle hundert Jahre, wie später immer wieder behauptet wurde und wie es auch heute manche immer noch verkünden. Er ›erfand‹ auch nichts Neues, sondern versuchte lediglich, das, was seit vielen Jahrhunderten als Zusammenhang zwischen ›Himmel‹ und Erde bekannt war, für seine Heimat, im großen gesehen für Mitteleuropa, anwendbar zu machen. Er wollte den Mön-

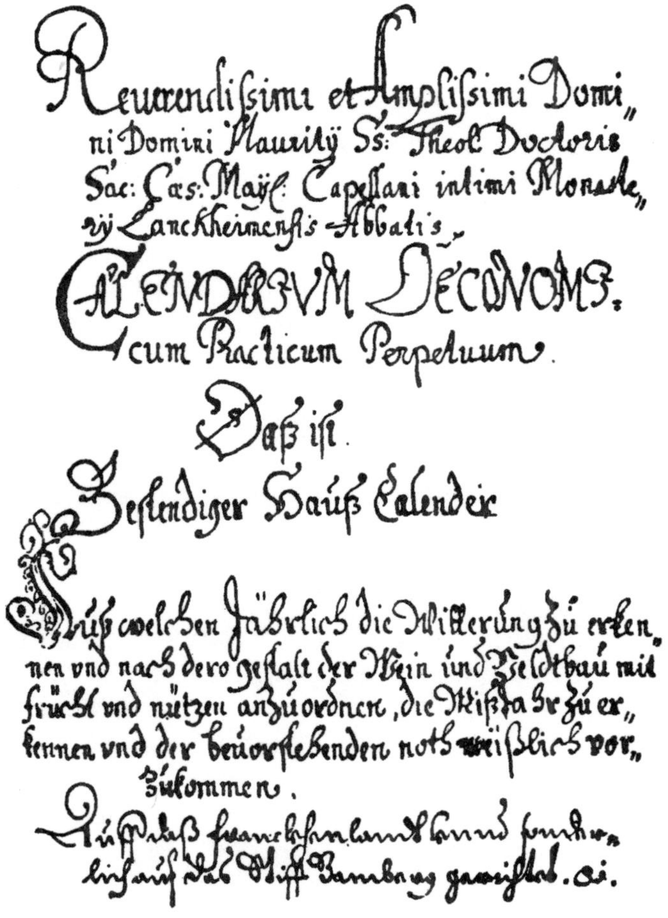
Reverendissimi et Amplissimi Domi-
ni Domini Mauritij Ss: Theol: Doctoris
Sac: Cæs: Maijst: Capellani intimi Monaste-
rij Lanckheimensis Abbatis.
Calendarium Oeconomi-
cum Practicum Perpetuum.
Daß ist
Beständiger Hauß Calender
Auß welchen Jährlich die Witterung zu erken-
nen und nach dero gestalt der Wein und Feldtbau mit
frücht und nützen anzuordnen, die Mißjahr zu er-
kennen und der bevorstehenden noth weißlich vor-
zukommen.
Auf das fränckischlandt und sonder-
lich auf das Stifft Bamberg gerichtet. etc.

Titelbild einer der ältesten Handschriften des 100jährigen Kalenders chen seines Klosters und darüber hinaus den Bauern in Franken Regeln in die Hand geben, die sie in die Lage versetzen sollten, den rechten Zeitpunkt für Saat und Ernte, für Heu und Weinpflege zu finden. Er suchte nach einem Weg, den zahllosen Krankheiten, verursacht von Wind und Wetter, besser beizukommen, sie möglichst zu verhindern, ihnen vorzubeugen. Das war sein Anliegen, nicht mehr und nicht weniger.

So machte er sich also daran, über das Wetter ›Tagebuch‹ zu führen. Und er tat das sieben Jahre lang und mit großer Sorgfalt. Sieben Jahre – damit war für ihn eine Periode im großen Rhythmus der ›Planeten‹ vollendet, eine Periode, die nun wieder von vorne zu laufen beginnen mußte. Sonne, Mond, Merkur, Venus, Mars, Jupiter und Saturn – jeder ›Herrscher‹ am Himmel war ein Jahr lang an der Reihe gewesen. Jetzt mußte der Kreislauf von vorne beginnen.

So muß es verstanden werden, wenn der Abt über die Aufzeichnungen, über ein Wettertagebuch, den anspruchsvollen Titel schrieb: ›Calendarium oeconomicum perpetuum‹ – also nicht etwa 100jähriger Kalender, sondern immerwährender praktischer Wirtschaftskalender, oder wie er es selbst übersetzte: beständiger Hauskalender.

Niemals hat der Abt behauptet, es ließe sich aufgrund dieses Kalenders das Wetter auf den Tag genau vorhersagen. Wer dies mit Hilfe des 100jährigen noch immer versucht, der täuscht den Leser, wie es die ersten Drucker schon taten, die das Manuskript in die Hand bekamen.

Abt Mauritius Knauer ist am 9. November 1664 an den Folgen eines Schlaganfalls gestorben. Inzwischen hatten sich die Abschriften seiner Wetterbeobachtungen weit über Franken, ja über ganz Deutschland hinaus verbreitet – und wurden sogar dort beachtet und befolgt, wo sie allein schon von der Geografie her nicht mehr stimmen konnten: südlich der Alpen, weit im Balkan und sogar in Rußland.

Ein Verleger verstand sein Handwerk

Knapp 40 Jahre nach Knauers Tod erschienen die ersten Drucke des 100jährigen. Der Erfurter Arzt Dr. Hellwig ließ 1701 den ›immerwährenden Kalender‹ drucken. Er muß ein guter Psychologe mit einem Gespür für werbewirksame Titel gewesen sein. Den ›immerwährenden‹ verwandelte er in den ›hundertjährigen‹ – weil er ganz richtig begriff, daß die Zahl 100 nicht nur für einfachere Menschen viel endloser klingt als das unvorstellbare ›immerwährend‹. Hundert, das erreicht kaum ein Mensch. Hundert, das ist fast gleichbedeutend mit ewig.

Der ›Hundertjährige‹, so hieß er fortan in allen Ausgaben – und es gab in den zurückliegenden fast 300 Jahren tatsächlich Hunderte verschiedener Aufmachungen von ihm. Der Name ist ein fester Begriff geworden. Millionen Menschen – und nicht nur Bauern – haben versucht, sich danach zu richten.

Und das ist in der Tat ein Phänomen: Obwohl ganz offensichtlich vieles an diesem Kalender nicht stimmen konnte – die ›Treffer‹ der Wettervorhersagen blieben nicht viel mehr als spärliche Zufallsergebnisse –, konnte sich der Hundertjährige immer wieder behaupten und dabei allen Anfeindungen, allem Spott und selbst den strengsten Verboten trotzen.

König Friedrich II. von Preußen kämpfte geradezu verbissen gegen den ›abscheulichen Aberglauben‹. Doch auch er konnte ihn nicht ausrotten. Die Leute klammerten sich regelrecht an dieses Werk, das in immer neuen Versionen auftauchte. Kaum ein Hauskalender wollte mehr darauf verzichten, wenigstens ein paar Brocken und Andeutungen aus dem Hundertjährigen in seine Texte einzustreuen.

Was ist das Geheimnis dieses Erfolges?

Ganz einfach: Hinter all dem Humbug, der als 100jähriger Kalender angeboten wird, steckt ein echter Kern, vielleicht sogar eine Wahrheit, die vielleicht wirklich ›immerwährende‹ Gültigkeit besitzt.

Dieser Kern soll hier herausgeschält werden.

Die große Leistung des Abtes von Langheim

Der unschätzbare Verdienst des Abtes Mauritius Knauer besteht darin, die uralten Theorien über die großen Zeitenrhythmen mit exakten Beobachtungen des Wetters belegt zu haben.

Knauer hat die Meteorologie vorweggenommen – betrachtete sie aber nicht als etwas Neues, Absolutes, Selbständiges, sondern bettete sie hinein in jenes uralte Wissen um die kosmischen Rhythmen.

Man kann heute ziemlich genau sagen, wie Klima, Witterung und Wetter zustande kommen. Man kennt die ›Wetterküche‹ Atlantik, in der das ›Sturmtief‹ zusammengebraut wird. Man weiß, welche Kräfte für Luftdruck, Wind, Regen oder Sonnenschein verantwortlich sind. Je tiefer die Wissenschaftler jedoch in die Geheimnisse des Wettergeschehens eindringen, desto unumwundener müssen sie zugeben: Die ›Alten‹ lagen mit ihren Regeln und Sprüchen und Ratschlägen so schief doch nicht. Es ist etwas dran an den ›Lostagen‹. Es stimmt, daß die ›Eisheiligen‹ mehr oder weniger ausgeprägt zur festgesetzten Zeit eintreffen. ›Schafskälte‹ und ›Hundstage‹ haben ebenfalls etwas für sich.

Jetzt, da sich die Meteorologen und altes Kalenderwissen langsam treffen, jetzt wird erst der 100jährige Kalender in seiner unverfälschten Urgestalt bedeutsam: Der Abt hat etwas herausgefunden, das Gültigkeit besitzt. So viel Gültigkeit, daß selbst Verfälschungen und Mißdeutungen noch Anklang finden konnten.

»Bleibender Hauskalender, aus welchem jährlich die Witterung zu erkennen und derogestalt der Wein- und Feldbau mit Frucht und Nutzen anzuordnen, die Mißjahre zu erkennen und der bevorstehenden Not mit Wissen zuvorzukommen ist.«

So heißt es auf dem Titelblatt der ältesten erhaltenen Handschrift des 100jährigen Kalenders.

Der kalenderschreibende Abt ist schon zu Lebzeiten seines Werkes wegen heftig angegriffen worden. Er verteidigte sich: »Ich lege nur dar, was ich selbst in der Praxis als wahr erkannt habe. Ich habe die Ursachen für meine Beobachtungen in langwierigen Forschungen zu ergründen versucht. Nur das, was ich mit meinen schwachen Kräften und durch die Erfahrung ergründen konnte, will ich vorbringen.«

Seinen Gegnern warf Mauritius vor: »Gerade jene Sternkundigen, die alljährlich ihre Kalender herausbringen, liegen in der Regel so weit daneben, daß der Leser, der daraus das Wetter abzulesen versucht, sich notwendigerweise gründlich irrt und möglicherweise auch noch Schaden hinnehmen muß. Unter hundert ihrer Vorhersagen trifft vielleicht einmal eine – und das ist dann nur reiner Zufall, und nicht das Ergebnis der Gelehrsamkeit.«

Mit solchen Äußerungen griff er vor allem Astrologen an, die Wettervorhersagen aufgrund von Horoskopen zu erstellen versuchten.

Man sieht daraus: Vor rund 300 Jahren gab es viele gescheiterte Versuche, allgemeingültige Wetterregeln aufzustellen. Offensichtlich waren diese Wettervorhersagen auch weitverbreitet, so daß sich der Abt von Langheim verpflichtet fühlte, etwas Rechtes zu schaffen und seinen Landsleuten anzubieten.

Das hat er getan. Versuchen wir, seine Weisheit zu ergründen und unverfälscht neu zum Strahlen zu bringen – zum Segen und Heil derer, die sich danach richten.

Immer wieder und überall: der 7-Jahres-Rhythmus

Darstellung der Häuser, Tierkreise und Planeten.
Holzschnitt von Erhard Schön um 1515

Abt Mauritius Knauer hat seinem Kalender in einem Vorwort eine Art Begründung vorangesetzt: »Über die Grundlagen und natürlichen Ursachen von Fruchtbarkeit und Mißernte«, so heißt sie.

Ausgangspunkt seiner Darlegungen sind die alten Erfahrungsweisheiten, Regeln, die als ›Sprichwörter‹ allgemein bekannt und ›in aller Mund‹ waren:

- ☆ Der Winzer weiß: Der Wein gerät nicht sieben Jahre hintereinander gleich gut und mißlingt auch nicht sieben Jahre in Folge.
- ☆ In sieben Jahren gerät der Wein wenigstens einmal.
- ☆ Wenn der Wein wenigstens einmal in sieben Jahren gut wird, dann macht sich der Weinbau bezahlt, speziell sofern man den Wein erst nach drei, vier oder fünf Jahren verkauft.
- ☆ Es lohnt sich des einen Jahres wegen, sieben Jahre lang den Weinberg zu pflegen.
- ☆ Die Westfalen gehen ebenfalls davon aus: Auch das Getreide wird wenigstens alle sieben Jahre einmal teurer.

Da ist sie also wieder, die geradezu magische Formel 7. Der Abt hat einige der Volksweisheiten um die Zahl 7 gesammelt und erklärt dann:

»Bisher fand ich keinen, der mir hätte sagen können, warum das mit der Zahl 7 so ist. Es könnte den Landwirten und Winzern aber helfen, die Ursachen zu kennen, die hinter solchen Regeln stecken, damit sie Schaden verhüten und den Erntesegen verbessern können.

Wer nämlich den Hintergrund kennt, der wird leicht feststellen, welche Rolle das Wetter dabei spielt und wie die Wetterverhältnisse und Wetterveränderungen im bevorstehenden Jahr gegeben sein werden – gleichgültig, um welches Jahr es sich handelt. Nur wer das Wetter kennt, kann mit seinen Anstrengungen das Optimale erreichen. Wer nicht Bescheid weiß, setzt sich naturgemäß Gefahren aus und muß mit Schaden rechnen.

Die Verwaltung des Klosters Langheim, vor allem der Abt, der Verwalter und der Wirtschafter, zu deren Nutzen ich dieses Buch geschrieben habe, mögen meine Hinweise beachten. Dann werden sie gute Ernten für das Kloster erzielen. Solange sie diese Aufzeichnungen aber außer acht lassen, sind Mißernten nicht ausgeschlossen.«

Die eigentlichen Hintergründe der Erfahrungen

Im ersten Kapitel seines Kalenders erklärt der Abt seine grundlegenden Erkenntnisse, auf denen sein Werk aufgebaut ist.

Grundsatz Nr. 1: »Weil alles Untergeordnete vom Einfluß des Übergeordneten bestimmt wird, ist alles Leben und Wachsen auf der Erde vom Walten des Himmels und der Gestirne abhängig.«

Dabei sind seiner Meinung nach – und da stimmt er wieder überein mit der traditionellen Astrologie – zweierlei Einflüsse zu beachten: die zwölf Tierkreiszeichen Widder, Stier, Zwillinge, Krebs, Löwe, Jungfrau, Waage, Skorpion, Schütze, Steinbock, Wassermann und Fische auf der einen Seite – und die Planeten auf der anderen.

Grundsatz Nr. 2: »Die größere Wirkung geht immer von den Planeten aus. Ihr Einfluß überwiegt den der Tierkreiszeichen, sofern er nicht durch eine Sonnenfinsternis oder durch das Auftauchen eines Kometen gestört wird.«

Dann zählt der Abt die ›Planeten‹ und ihre Stellung am Himmel auf:

»Der oberste ist Saturn. Dann kommen Jupiter und Mars. Ihnen folgt die Sonne als ihre Königin und Mitte. Unterhalb der Sonne stehen Venus, Merkur und schließlich der Mond, der unterste ›Planet‹ uns am nächsten. Diese sieben ›Planeten‹, die durch ihren Einfluß, wie gesagt, das Leben auf der Erde lenken, wechseln einander in der Regentschaft ab. Jeder, einer nach dem anderen verändert das Wetter entsprechend seiner eigenen Natur und seiner ihm von Gott gegebenen Eigenschaften. Mögen die Tierkreiszeichen entsprechend ihrer Stellung auch noch so kraftvoll versuchen, den Einfluß der ›Planeten‹ zu schmälern oder gar auszuschalten: Es gelingt ihnen nicht.«

Das ›Planeten-Jahr‹ beginnt am 21. März

Mauritius Knauer erklärt sodann, warum der Beginn der Regentschaft der ›Planeten‹ jeweils auf den Tag des Frühjahrsanfangs und nicht etwa auf den 1. Januar festgesetzt wird.

»Nach der übereinstimmenden Meinung der Philosophen und Theologen hat Gott die Welt zur Zeit geschaffen, als Tag und Nacht im Frühling gleich lang waren. Wenn das so ist – und das stimmt mit den Beobachtungen und Erfahrungen überein –, begann die Regentschaft des ersten Jahresregenten genau in diesem Augenblick, in dem er selbst geschaffen wurde. Vom ersten Augenblick an haben die ›Planeten‹ begonnen, ihren Einfluß auszuüben und Wirkungen hervorzubringen.

Die ›Planeten‹ leben aber nicht im eigentlichen Sinn. Sie sind nicht mit Willen und Vernunft begabt, wie früher einige Astrologen angenommen haben, die den Sternen ein freies Schalten und Walten zuschrieben. Vielmehr, so muß man sich das vorstellen, fingen sie zwangsläufig im Augenblick ihrer Existenz an, ihren Einfluß geltend zu machen.

Weil aber die Regentschaft eines ›Planeten‹ erst im Frühjahr beginnt, wird man vergeblich versuchen, aus dem vorhergehenden Winter Schlüsse auf den kommenden Sommer und Herbst zu ziehen, etwa in der Annahme, auf einen nassen Winter müsse ein nasser Sommer folgen, auf einen kalten Winter ein ebenfalls kalter Sommer. Die beiden sind von verschiedenen Regenten beeinflußt. Trotzdem hat selbstverständlich auch der vorhergehende Winter seinen Einfluß auf den nachfolgenden Sommer. Und zwar folgendermaßen: Nach dem Regiment des Saturn setzt sich beispielsweise meistens die bis zum März andauernde Kälte noch in das nachfolgende Jupiter-Jahr fort – obwohl Jupiter als nasser und warmer Planet gilt. Das ist verständlich. Saturn ist von allen Planeten der kälteste. Saturn-Jahre sind entsprechend kalte Jahre.

(Das stimmt mit modernen Einsichten überein: Läßt man Pluto, Neptun und Uranus außer acht, Planeten, die vor 300 Jahren noch nicht entdeckt waren, dann ist Saturn am weitesten von der Sonne entfernt und damit am kältesten.)

Jupiter, der im 7-Jahres-Reigen den Saturn ablöst, bringt zwar wohlige, fruchtbare Wärme. Doch kann er sich gegen die grimmige Kälte des Saturn nicht von einem Tag auf den anderen durchsetzen, sondern benötigt eine gewisse Anlaufzeit. Hat er die Saturnkälte aber überwunden, kann er seine guten Eigenschaften unbehindert spielen lassen und ein fruchtbares Jahr bringen.«

Warum der ›warme‹ Winter gar nicht so warm ist

»Eine andere Beobachtung zeigt ebenfalls, wie ein Winter des vorhergehenden Regenten die Fruchtbarkeit des Sommers danach beeinflussen kann: Ein Winter ist sehr naß und kalt, oder trocken und kalt, oder mild und naß, oder mild und trocken. Die Kälte kann früh schon einsetzen und lange andauern, spät beginnen und nur sehr kurz sein. Es gibt viele mögliche Kombinationen von Temperatur, Feuchtigkeit und Dauer verschiedener Witterungen. Aber jede Form hat ihre ganz bestimmte Auswirkung.

Ist ein Winter beispielsweise sehr feucht, vor allem zu Beginn der Jahreszeit, und gefriert die Erde relativ spät, dann könnte man sagen: Die Poren der Erde bleiben offen. Die Wärme, die im Sommer in den Boden eingedrungen ist, entweicht stärker. Häufiger Regen macht ihn nun nicht nur naß, sondern zugleich auch kalt. Es findet also, sogar ohne eigentlichen Frost, eine doppelte Abkühlung statt.

Die Folgen davon: Weil das Wachstum der gesamten Natur im Frühjahr von Feuchtigkeit und Wärme des Bodens abhängt, wird es nach einem solchen Winter nur sehr langsam grünen. Das Wachstum ist stark verzögert, weil der Boden zu kalt ist. Das Wetter muß im Sommer sehr günstig sein, damit diese Frühlingsschwäche noch ausgeglichen werden kann.

Umgekehrt: Tritt der Winter sehr früh ein, gefriert der Boden also schon zeitig, und bleibt er auch den ganzen Winter über – oder doch wenigstens die meiste Zeit – gefroren, dann wird die Wärme, die im Sommer von der Sonne her in den Boden eingedrungen ist, unter der Frosthülle zurückgehalten, gleichsam wie in einer Truhe eingeschlossen. Kommt dann das Frühjahr, schmilzt das Eis, öffnen sich die Erdporen, dann strömt die Wärme aus der Erdtiefe an die Oberfläche. Sie erwärmt die Wurzeln der Pflanzen von unten her, so daß sie schnell heranwachsen.

Folgt also auf einen derart grimmigen Winter ein günstiger Planet als Jahresherrscher, dann darf man mit einem fruchtbaren, guten Jahr rechnen.

Folgt auf den kalten Winter ein ›feuchter‹ Planet, regnet es also im Frühjahr und im frühen Sommer viel, dann gibt es viel Kraut, Stroh, Gras – aber wenig Frucht.

Ist der Herrscher nach dem frostigen Winter trocken,

wie etwa das Sonnen-Jahr, dann wird die Winterfrucht, die schon im späten Herbst ausgesät wurde, zu voller Zufriedenheit. Die Sommerfrucht dagegen, die erst im Frühjahr in den Boden gelangt, wird nur mäßig ausfallen.«

Mit solchen Erklärungen und Deutungen ist der Abt nun mitten im Thema. Jetzt wird ganz deutlich, was sein eigentliches Anliegen ist und welche Geisteshaltung in seinem Kalender steckt: Keine Spur von naivem Aberglauben, sondern ein tiefes, auf großer Erfahrung aufgebautes Wissen um die Zusammenhänge im Spiel der Naturgewalten. Ein Wissen, das in erster Linie Winzern und Bauern zugute kommen soll: »Also wißt ihr, warum ihr mit Recht sagt, was so einfältig und dumm klingt: ›Der frostige Winter ist nicht der kälteste.‹«

Abt Mauritius Knauer möchte die Hintergründe der alten Weisheiten aufdecken, damit alle noch besser als bisher vorausschauend planen können: Wer weiß, daß der Winter sehr kalt werden wird, der stützt sich für das kommende Jahr auf Winterfrucht – zumal dann wenn ein ›warmer‹ Regent folgen wird.

Oder: Wer einen scheinbar milden Winter erlebt hat, darf sich nicht täuschen lassen: Der Boden ist ›unterkühlt‹. Die nächste Ernte wird mager ausfallen. Ein Hinweis, der für Winzer und Getreidebauern sehr wichtig ist.

Nur wer das Wetter kennt, kann erfolgreich wirtschaften

Nach solchen Vorreden, in lateinischer Sprache verfaßt, wendet sich der Abt nun direkt, in deutscher Sprache, an Winzer und Bauern und versucht dabei, die Zusammenhänge noch einfacher und verständlicher darzustellen.

So heißt es in der zweiten Vorrede an die ›gemeinen‹, also ungebildeten Leser:

»Einem verantwortungsbewußten Haushalter muß sehr daran gelegen sein zu wissen, wie das Wetter im neuen Jahr ausfallen wird. Denn nur mit diesem Wissen lassen sich Äcker und Weinberge segensreich bewirtschaften.

Es gilt also zu wissen, ob ein Jahr kalt oder warm wird, trocken oder naß. Mehr noch: Wie lange wird sich die Kälte in das Frühjahr hinein erstrecken? Wie bald wird es schon herbstlich? Wie früh setzt der Winter ein? Und dergleichen.

In exakten, gründlichen Beobachtungen und großer ›Experienz‹, hier in Langheim durchgeführt, ist herausgefunden worden, daß sich das Wetter alle 7 Jahre zwar nicht in allen Einzelheiten, aber doch in den großen und wichtigen Zügen wiederholt. Diesen Rhythmus muß man zweifellos den ›Planeten‹ zuschreiben. Es gibt ja 7 Himmelsgestirne, die sich am Himmel bewegen und die einander in der Herrschaft ablösen, wobei jeder ›Planet‹ ein Jahr lang regiert. Er übt eine ganz natürliche Wirkung auf das Wetter aus. Gewiß: Solche Jahresregenten werden durch bestimmte Konstellationen und Konjunktionen in ihren natürlichen Wirkungen bisweilen behindert oder auch bestärkt, so daß sich das Wetter nicht alle 7 Jahre ganz genau gleich wiederholen kann. Die Grundzüge sind jedoch gegeben. Nicht alles, was in diesem Kalender verzeichnet ist, aber doch das meiste entspricht den wahren Tatsachen.

Wenn die Sonne am **21.** März vom Tierkreiszeichen ›Fische‹ in den ›Widder‹ überwechselt, beginnt die neue ›Planeten‹-Herrschaft. Der Winter ist also nicht der erste, sondern der letzte Teil des Jahres.«

Abt Mauritius Knauer gibt, um ja nicht mißverstanden zu werden, dann eigens noch einmal ein Beispiel, um diesen Rhythmus zu erklären. Übertragen in unsere Zeit lautet es:

»Will man erfahren, wie der Januar 1998 sein wird,

dann muß man wissen, daß dieser Monat noch zum Venus-Jahr 1997 gehört. Das Merkur-Jahr 1998 beginnt erst im März.

Also: Wer das Wetter kennen will, muß wissen, welcher ›Planet‹ regiert. Wer den Jahresregenten kennt, der weiß auch über die Witterung Bescheid.

Wer wissen will, wie das Wetter 1997, 1998, 1999… wird, wie in diesen Jahren die Ernte ausfallen wird, der mache sich vor allem mit dem Jahresregenten vertraut.

Trifft nicht alles auf ein Nägelein zu, so wird sich doch das meiste befinden.

Doch ist dem Allmächtigen Gott hier kein Ziel und Maß vorgeschrieben. Wenn er uns um unserer Sünden willen bestrafen will, so kann das wider den natürlichen Lauf der Sterne geschehen. Seiner göttlichen Allmacht sind alle Gestirne und Elemente unterworfen.

So können auch böse Menschen, die man Hexen, Unholde nennt, durch Vermittlung des bösen Geistes Unfruchtbarkeit und anderes Unglück vielfältig stiften und verursachen.«

Was sich wie eine Ausrede anhört: Wenn mein Kalender einmal nicht stimmen sollte, dann hat der Schöpfer in die Natur eingegriffen, um uns zu bestrafen. Oder ein Unhold hat die Ernte verdorben – gegen die allgemeingültigen Wetterregeln –, ist keineswegs so abwegig, wie es auf den ersten Blick aussehen mag.

Der Abt Mauritius Knauer gibt den Hinweis ganz bewußt, um seine Landsleute davor zu warnen, sich nicht in sorgloser Sicherheit zu wiegen. Er wußte auch um die verheerenden Kräfte von Neid und Eifersucht, von Fluch und Mißgunst – Kräfte, deren Wirksamkeit erst in unseren Tagen wieder entdeckt wird: Was nützen blauer Himmel, fruchtbarer, warmer Regen, solange wir den Segen, der davon ausgeht, einander nicht gönnen?

Die regierenden ›Planeten‹ und ihre Jahre

Ihre Herrschaft beginnt jeweils am 21. März des genannten Jahres und endet am 20. März des folgenden Jahres

Saturn	Jupiter	Mars	Sonne	Venus	Merkur	Mond
1909	1910	1911	1912	1913	1914	1915
1916	1917	1918	1919	1920	1921	1922
1923	1924	1925	1926	1927	1928	1929
1930	1931	1932	1933	1934	1935	1936
1937	1938	1939	1940	1941	1942	1943
1944	1945	1946	1947	1948	1949	1950
1951	1952	1953	1954	1955	1956	1957
1958	1959	1960	1961	1962	1963	1964
1965	1966	1967	1968	1969	1970	1971
1972	1973	1974	1975	1976	1977	1978
1979	1980	1981	1982	1983	1984	1985
1986	1987	1988	1989	1990	1991	1992
1993	1994	1995	1996	1997	1998	1999
2000	2001	2002	2003	2004	2005	2006
2007	2008	2009	2010	2011	2012	2013

Vorbemerkungen zum 100jährigen Wetterkalender

Dem folgenden Wetterkalender müssen noch einige Hinweise vorangestellt werden, ohne die der Kalender nicht verständlich wäre. Abt Mauritius Knauer hat sie teilweise als bekannt vorausgesetzt, weil seinen Zeitgenossen solche Regeln noch vertraut waren. Er ließ einige Anmerkungen aber auch immer wieder in die Texte einfließen.

Hier sind die wichtigsten zusammengefaßt:

In seinem Kalender charakterisiert der Abt zunächst für jedes der sieben Jahre den ›Herrscher‹ und erklärt, welche typischen Eigenschaften ihm zugeschrieben werden, wie er die Natur – auch die Menschen – durch seinen Einfluß verändert. Danach gibt er einen allgemeinen Überblick über das Wetter im betreffenden Jahre und in den vier Jahreszeiten.

Nachdem er seine Ratschläge für den Ackerbau und Weinbau und die notwendigen Gesundheitsmaßnahmen gegeben hat, fügt er jedem Jahr das sogenannte ›Partikular-Wetter‹ an. Hierbei handelt es sich um die Notizen aus seinem Wettertagebuch, das er geführt hat. Für das Merkur-Jahr sind es beispielsweise die Daten des Jahres 1655. Da heißt es etwa: »Am 6. hat es stark geregnet und abends gehagelt.« In einem anderen Fall notiert der Abt auch: »Im Januar sind keine Aufzeichnungen gemacht worden. Vermutlich ist es aber trocken und ziemlich kalt, doch nicht zu kalt gewesen.« Es handelte sich um den Januar des von ihm festgehaltenen Sonnen-Jahres.

Diese Aufzeichnungen darf man nicht, wie das fälschlicherweise getan wird, wörtlich auf ein entsprechendes Jahr unserer Zeit übertragen. Denn in diesem Jahr sind mancherlei Einflüsse anders. Und diese müssen berücksichtigt werden.

Abt Mauritius Knauer selbst hat dazu angemerkt:

»Man muß folgendes beachten: Obwohl ich das Wetter in den Jahreszeiten skizziert habe, füge ich noch – gewissermaßen auf vielfache Anfragen hin – auch das Wetter für die Monate und einzelne Tage bei.

Dazu muß man aber wissen: Wetterveränderungen finden sich meistens am 2. oder 3. Tag nach dem Neumond oder Vollmond.

Eine Ausnahme macht Saturn. Seine Auswirkungen auf das Wetter werden in aller Regel genau zwischen Neumond und Vollmond und Vollmond und Neumond verspürt.«

Abt Knauer hat in seiner ursprünglichen Handschrift die Mondphasen jeweils an den Rand notiert.

Drei wichtige Regeln

»Weil sich die Mondphasen durch die Jahre verschieben, kann die Witterung nicht auf den Tag genau eintreffen. Wer sich also nach den Aufzeichnungen richten will, der muß sorgfältig die Mondphasen beachten und entsprechende Korrekturen vornehmen! Das ist die erste wichtige Regel.

Ferner sind noch zwei Regeln zu beachten, wenn man die ›Partikular-Witterung‹ richtig treffen will:

Die erste Regel lautet: Man muß sich vergewissern, ob im entsprechenden Jahr eine sichtbare Sonnenfinsternis stattfindet oder nicht. Denn die Sonnenfinsternis überwältigt den Planeteneinfluß. Gleichgültig, ob ein Planet trocken oder feucht ist: Die Sonnenfinsternis verursacht zunächst eine Periode der Feuchtigkeit, danach aber trockenes und warmes Wetter.

Regiert im Jahr der Sonnenfinsternis ein feuchter Planet, dann wird es eine Zeitlang ständig regnen. Danach herrscht dann große Dürre. Ist der Planet dagegen trocken, fällt die Regenperiode etwas kürzer aus. Die nachfolgende Dürrezeit bleibt dieselbe. Deshalb darf man sich also nicht sklavisch an die Partikular-Witterung halten, wie sie hier Tag für Tag aufgezeichnet ist. Vielmehr gilt es die vielfältigen Einflüsse und Umstände zu beachten.

Die zweite Regel lautet: Es muß ebenfalls sorgfältig beachtet werden, zu welcher Stunde, sowohl bei Tag als auch bei Nacht, der Neumond eintritt. Wie jedes Jahr von einem Planeten regiert wird, so hat auch jede Stunde, bei Nacht und bei Tag ihren Regenten. (Siehe Tabelle Seite 56/57.) Wenn man weiß, unter welchem Stundenregenten der Neumond eingetreten ist, kann man Rückschlüsse auf das Wetter ziehen.

Neumond in der Stunde des *Saturn:*
Dieser Monat wird fast kalt und größtenteils feucht.

Neumond zur Stunde des *Jupiter:*
Der halbe Monat ist trocken, der halbe ziemlich windig.

Neumond zur Stunde des *Mars:*
Der Monat wird halb trocken, halb feucht.

Neumond zur Stunde der *Sonne:*
Falls der Sommer beginnt, wird er heiß und trocken.
Falls der Winter beginnt, wird er kalt und trocken.

Neumond zur Stunde der *Venus:*
Das letzte Viertel des Monats bringt Regenwetter, im Winter Schnee.

Neumond zur Stunde des *Merkur:*
Daraus läßt sich nichts Sicheres erkennen, weil sich Merkur dem Jahresregenten anpaßt.

Neumond zur Stunde des *Mondes:*
Der Monat wird recht windig und regnerisch.

Und noch zwei Dinge, die es zu beachten gilt:

Erstens: Jeder Tag hat auch seinen Regenten. Das bedeutet: Zweimal am Tag sind Tages- und Stundenregenten identisch.

Beispielsweise: Am Samstag regiert zur ersten Stunde nach Sonnenaufgang Saturn, in der zweiten Stunde Jupiter, in der dritten Stunde Mars, in der vierten Stunde die Sonne, in der fünften Stunde Venus, in der sechsten Merkur und in der siebten der Mond. In der achten Stunde beginnt der Zyklus von vorne: Saturn, Jupiter, Mars, Venus ...

Fällt nun die Stunde des Neumondes auf die Stunde des Saturn, der zugleich den Samstag regiert, dann wird die oben beschriebene Wirkung deutlich verstärkt.

Zweitens: Auch durch den Jahresregenten kann die Wirkung des Stundenregenten zum Augenblick des Neumondes verstärkt werden. Stimmen nämlich Jahres- und Stundenregent überein, dann ist die Auswirkung sehr stark.«

Von den Sonnen- und Mondfinsternissen

»Trifft nun allerdings eine Sonnenfinsternis hinzu, wird alles genau umgekehrt: Sonnenfinsternisse behindern ja die Planetenwirkung. Je länger die Sonnenfinsternis dauert, desto länger verursacht sie das direkt nachfolgende Regenwetter und desto länger währt die Trockenperiode hinterher. Und umgekehrt: Je kürzer die Sonnenfinsternis, desto kürzer die Wetterfolgen.

Auch die Mondfinsternis beeinträchtigt die natürliche Wirkung der Planeten. Doch sie ist wesentlich schwächer als eine Sonnenfinsternis. Und weil eine Mondfinsternis höchstens dreieinhalb Stunden dauern kann, erstreckt sich ihr Einfluß auch auf höchstens dreieinhalb Monate.

Sonnen- und Mondfinsternisse haben aber nicht nur

negative Auswirkungen, sondern häufiger sogar positive. Die Kraft der Gestirne, soweit sie zu uns reicht, beeinflußt die äußere Beschaffenheit der Erde und bringt diese dort, wo sie wirksam wird, in eine gewisse Unordnung.

Fällt eine Sonnenfinsternis in die Blütezeit, dann bringt sie Unfruchtbarkeit mit sich. Ereignet sie sich aber im März, April oder in den ersten Tagen der Maiwoche, dann wächst viel Wein, allerdings läßt der Wein zu wünschen übrig.«

(In dieser Passage ist Abt Knauer wieder einmal ganz von den Beobachtungen in seiner engeren Heimat ausgegangen, wo sich die Baumblüte wesentlich später als in anderen Gegenden unserer Heimat zeigt. Das müßte ebenfalls wieder berücksichtigt werden.)

Was Kometen mit sich bringen

»Ein Wort noch zu den Kometen: Obwohl es die verschiedenartigsten Kometen gibt, unterscheidet das Volk nur drei Arten, nämlich geschwänzte, gebardete und behaarte. In den ersten Tagen ihrer Erscheinung bringen die Kometen meistens Regen mit sich, dann Trockenheit. Man beachte, daß innerhalb von sieben Jahren ein-, höchstens zweimal ein Komet auftaucht, und zwar entweder in einem Jupiter-Jahr oder in einem Mars-Jahr, beziehungsweise in beiden. Ein solcher Komet ist nur wenig größer als die Venus. Im darauffolgenden Jahr gibt es einen guten Wein.

Andere Kometen mit Schweif und Bart erscheinen oft aus übernatürlichen Gründen auf Gottes Geheiß und bringen viel Schlimmes mit sich. Einige Kometen beziehen ihre Kraft von den Planeten, mit denen sie verbunden sind, andere von den Tierkreiszeichen, in denen sie erscheinen. Wenn der Komet gleichzeitig mit dem Saturn

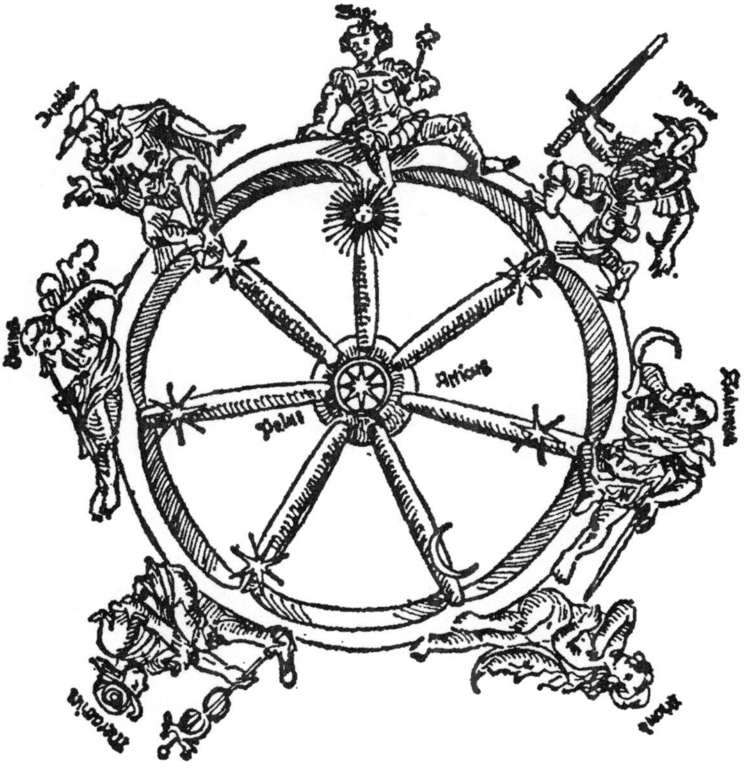

Das Planetenrad

erscheint, wird es ein großes Sterben geben. Ist er mit Jupiter verbunden, dann droht den Königen, Fürsten und Herzögen Schlimmes und Ungünstiges. Regiert Mars, wenn ein Komet auftaucht, dann bringt er Streit und Kriegsgeschrei bis zum Blutvergießen. Unter Venus gibt es Dürre. Ist der Komet dem Merkur zugesellt, dann sterben Menschen besten Alters und bester Bildung. Kommt ein Komet schließlich im Mond-Jahr, dann stirbt das Volk. Wenn die Kometen im Erdzeichen erscheinen, bringen sie wegen der Dürre Unfruchtbarkeit mit sich. Erscheinen sie im Zeichen des Wassers, kommt es zu Seuchen, der Regengüsse wegen. Im Zeichen der Luft haben sie Stürme und Aufruhr zur Folge und manchmal, wenn auch nicht immer, Kriege. Im Zeichen des Feuers gibt es immer Krieg. Ungestraft hat niemand jemals einen feurigen Kometen gesehen. Oft kündigt er kommendes Unheil an.«

Soweit die Vorbemerkungen des Abtes Mauritius Knauer.

Die Regenten der Stunden

	Sonntag	Montag	Dienstag
Tagesregent:	Sonne	Mond	Mars
6 – 7	Sonne	Mond	Mars
7 – 8	Venus	Saturn	Sonne
8 – 9	Merkur	Jupiter	Venus
9 – 10	Mond	Mars	Merkur
10 – 11	Saturn	Sonne	Mond
11 – 12	Jupiter	Venus	Saturn
12 – 13	Mars	Merkur	Jupiter
13 – 14	Sonne	Mond	Mars
14 – 15	Venus	Saturn	Sonne
15 – 16	Merkur	Jupiter	Venus
16 – 17	Mond	Mars	Merkur
17 – 18	Saturn	Sonne	Mond
18 – 19	Jupiter	Venus	Saturn
19 – 20	Mars	Merkur	Jupiter
20 – 21	Sonne	Mond	Mars
21 – 22	Venus	Saturn	Sonne
22 – 23	Merkur	Jupiter	Venus
23 – 24	Mond	Mars	Merkur
24 – 1	Saturn	Sonne	Mond
1 – 2	Jupiter	Venus	Saturn
2 – 3	Mars	Merkur	Jupiter
3 – 4	Sonne	Mond	Mars
4 – 5	Venus	Saturn	Sonne
5 – 6	Merkur	Jupiter	Venus

Mittwoch	Donnerstag	Freitag	Samstag
Merkur	Jupiter	Venus	Saturn
Merkur	Jupiter	Venus	Saturn
Mond	Mars	Merkur	Jupiter
Saturn	Sonne	Mond	Mars
Jupiter	Venus	Saturn	Sonne
Mars	Merkur	Jupiter	Venus
Sonne	Mond	Mars	Merkur
Venus	Saturn	Sonne	Mond
Merkur	Jupiter	Venus	Saturn
Mond	Mars	Merkur	Jupiter
Saturn	Sonne	Mond	Mars
Jupiter	Venus	Saturn	Sonne
Mars	Merkur	Jupiter	Venus
Sonne	Mond	Mars	Merkur
Venus	Saturn	Sonne	Mond
Merkur	Jupiter	Venus	Saturn
Mond	Mars	Merkur	Jupiter
Saturn	Sonne	Mond	Mars
Jupiter	Venus	Saturn	Sonne
Mars	Merkur	Jupiter	Venus
Sonne	Mond	Mars	Merkur
Venus	Saturn	Sonne	Mond
Merkur	Jupiter	Venus	Saturn
Mond	Mars	Merkur	Jupiter
Saturn	Sonne	Mond	Mars

Finden Sie Ihre besten Stunden

Damit Sie nicht unnötige Kräfte vergeuden, sollten Sie Ihre besten Stunden an jedem Tag der Woche finden und beachten. Suchen Sie deshalb Ihren Regenten, und setzen Sie sich dann in seinen Stunden entsprechend ein.

Widder:	Mars-Stunden
Stier:	Venus-Stunden
Zwillinge:	Merkur-Stunden
Krebs:	Mond-Stunden
Löwe:	Sonne-Stunden
Jungfrau:	Merkur-Stunden
Waage:	Venus-Stunden
Skorpion:	Mars-Stunden
Schütze:	Jupiter-Stunden
Steinbock:	Saturn-Stunden
Wassermann:	Saturn / Mars-Stunden
Fische:	Jupiter / Venus-Stunden.

(Wassermann wird heute dem Uranus zugeordnet, die Fische haben Neptun zum Regenten. Beide Planeten waren zur Zeit des Abtes Mauritius Knauer noch nicht bekannt.)

Darüber hinaus sollten Sie bei besonderen Vorhaben auf die Stunden-Regenten achten:

Liebe:	Venus-Stunden
Finanzen:	Merkur-Stunden
Glück:	Jupiter-Stunden
Durchsetzung:	Mars-Stunden
Besinnlichkeit:	Mond-Stunden
Entfaltung:	Sonne-Stunden
Studien:	Saturn-Stunden

Die Sonnenfinsternisse

1997	9. März	total, bei uns nicht sichtbar
	2. September	partiell, nicht sichtbar bei uns
1998	26. Februar	total, bei uns nicht sichtbar
	22. August	ringförmig, bei uns nicht sichtbar
1999	16. Februar	ringförmig, bei uns nicht sichtbar
	11. August	total, sichtbar in Mitteleuropa
2000	5. Februar	partiell, bei uns nicht sichtbar
	1. Juli	partiell, bei uns nicht sichtbar
	31. Juli	partiell, sichtbar in Mitteleuropa
	25. Dezember	partiell, sichtbar in Mitteleuropa
2001	21. Juni	total, bei uns nicht sichtbar
	14. Dezember	ringförmig, bei uns nicht sichtbar
2002	10. Juni	ringförmig, bei uns nicht sichtbar
	4. Dezember	total, bei uns nicht sichtbar
2003	31. Mai	ringförmig, bei uns nicht sichtbar
	23. November	total, bei uns nicht sichtbar
2004	19. April	partiell, nicht sichtbar bei uns
	14. Oktober	partiell, sichtbar in Mitteleuropa
2005	8. April	ringförmig, bei uns nicht sichtbar
	3. Oktober	ringförmig, sichtbar in Spanien
2006	29. März	total, sichtbar in Türkei
	22. September	ringförmig, nicht sichtbar bei uns
2007	19. März	partiell, sichtbar in Mitteleuropa
	11. September	partiell, nicht sichtbar bei uns

Die Mondfinsternisse

1997	24. März	partiell, sichtbar
	16. September	total, nicht sichtbar
1998	13. März	Halbschatten, sichtbar
	8. August	Halbschatten, sichtbar
	6. September	Halbschatten, nicht sichtbar
1999	31. Januar	Halbschatten, nicht sichtbar
	28. Juli	partiell, sichtbar
2000	21. Januar	total, nicht sichtbar
	16. Juli	total, sichtbar
2001	9. Januar	total, sichtbar
	5. Juli	partiell, nicht sichtbar
	30. Dezember	Halbschatten, sichtbar
2002	26. Mai	Halbschatten, sichtbar
	24. Juni	Halbschatten, nicht sichtbar
	20. November	Halbschatten, nicht sichtbar
2003	16. Mai	total, sichtbar
	9. November	total, nicht sichtbar
2004	4. Mai	total, nicht sichtbar
	28. Oktober	total, sichtbar
2005	24. April	Halbschatten, nicht sichtbar
	17. Oktober	partiell, sichtbar
2006	15. März	Halbschatten, sichtbar
	7. September	partiell, nicht sichtbar
2007	4. März	total, sichtbar
	28. August	total, nicht sichtbar

Das
VENUS-JAHR
1997

Kalender des Venus-Jahres 1997

	Januar	Februar	März	April	Mai	Juni
1.	Mi	Sa	Sa	Di	Do	**So**
2.	Do	**So**	**So**	Mi	Fr	Mo
3.	Fr	Mo	Mo	Do	Sa	Di
4.	Sa	Di	Di	Fr	**So**	Mi
5.	**So**	Mi	Mi	Sa	Mo	Do 🌑
6.	**3 König**	Do	Do	**So**	Di 🌑	Fr
7.	Di	Fr 🌑	Fr	Mo 🌑	Mi	Sa
8.	Mi	Sa	Sa	Di	**Himmelf.**	**So**
9.	Do 🌑	**So**	**So** 🌑	Mi	Fr	Mo
10.	Fr	Mo	Mo	Do	Sa	Di
11.	Sa	Di	Di	Fr	**So**	Mi
12.	**So**	Mi	Mi	Sa	Mo	Do
13.	Mo	Do	Do	**So**	Di	Fr
14.	Di	Fr	Fr	Mo	Mi	Sa
15.	Mi	Sa	Sa	Di	Do	**So**
16.	Do	**So**	**So**	Mi	Fr	Mo
17.	Fr	Mo	Mo	Do	Sa	Di
18.	Sa	Di	Di	Fr	**Pfingsten**	Mi
19.	**So**	Mi	Mi	Sa	**Pf.-Mo**	Do
20.	Mo	Do	Do	**So**	Di	Fr 🌕
21.	Di	Fr	Fr	Mo	Mi	Sa
22.	Mi	Sa 🌕	Sa	Di 🌕	Do 🌕	**So**
23.	Do 🌕	**So**	**So**	Mi	Fr	Mo
24.	Fr	Mo	Mo 🌕	Do	Sa	Di
25.	Sa	Di	Di	Fr	**So**	Mi
26.	**So**	Mi	Mi	Sa	Mo	Do
27.	Mo	Do	Do	**So**	Di	Fr
28.	Di	Fr	Fr	Mo	Mi	Sa
29.	Mi		Sa	Di	**Fronl.**	**So**
30.	Do		**Ostern**	Mi	Fr	Mo
31.	Fr		**O.-Mo.**		Sa	

	Juli	August	Sept.	Okt.	Nov.	Dez.
1.	Di	Fr	Mo ●	Mi ●	**Allerh.**	Mo
2.	Mi	Sa	Di	Do	**So**	Di
3.	Do	**So** ●	Mi	Fr	Mo	Mi
4.	Fr ●	Mo	Do	Sa	Di	Do
5.	Sa	Di	Fr	**So**	Mi	Fr
6.	**So**	Mi	Sa	Mo	Do	Sa
7.	Mo	Do	**So**	Di	Fr	**2. Adv.**
8.	Di	Fr	Mo	Mi	Sa	Mo
9.	Mi	Sa	Di	Do	**So**	Di
10.	Do	**So**	Mi	Fr	Mo	Mi
11.	Fr	Mo	Do	Sa	Di	Do
12.	Sa	Di	Fr	**So**	Mi	Fr
13.	**So**	Mi	Sa	Mo	Do	Sa
14.	Mo	Do	**So**	Di	Fr ○	**3. Adv.** ○
15.	Di	Fr	Mo	Mi	Sa	Mo
16.	Mo	Sa	Di ○	Do ○	**So**	Di
17.	Do	**So**	Mi	Fr	Mo	Mi
18.	Fr	Mo ○	Do	Sa	Di	Do
19.	Sa	Di	Fr	**So**	Mi	Fr
20.	**So** ○	Mi	Sa	Mo	Do	Sa
21.	Mo	Do	**So**	Di	Fr	**4. Advent**
22.	Di	Fr	Mo	Mi	Sa	Mo
23.	Mi	Sa	Di	Do	**So**	Di
24.	Do	**So**	Mi	Fr	Mo	Mi
25.	Fr	Mo	Do	Sa	Di	**Weihnacht**
26.	Sa	Di	Fr	**So**	Mi	**2. Weihn.**
27.	**So**	Mi	Sa	Mo	Do	Sa
28.	Mo	Do	**So**	Di	Fr	**So**
29.	Di	Fr	Mo	Mi	Sa	Mo ●
30.	Mi	Sa	Di	Do	**1. Adv.** ●	Di
31.	Do	**So**		Fr ●		Mi

Die Stunden des Neumondes und ihre Regenten

(Greenwichzeit)

Donnerstag 9. Januar	04.26 Uhr (Jupiter-Tag)	im Steinbock	= Mond
Freitag 7. Februar	15.07 Uhr (Venus-Tag)	im Wassermann	= Mond
Sonntag 9. März	01.15 Uhr (Sonne-Tag)	in den Fischen	= Merkur
Montag 7. April	11.02 Uhr (Mond-Tag)	im Widder	= Venus
Dienstag 6. Mai	20.47 Uhr (Mars-Tag)	im Stier	= Mars
Donnerstag 5. Juni	07.04 Uhr (Jupiter-Tag)	in Zwillingen	= Mars
Freitag 4. Juli	18.40 Uhr (Venus-Tag)	im Krebs	= Mars
Sonntag 3. August	8.14 Uhr (Sonne-Tag)	im Löwen	= Merkur
Montag 1. September	23.52 Uhr (Mond-Tag)	in der Jungfrau	= Mars
Mittwoch 1. Oktober	16.52 Uhr (Merkur-Tag)	in der Waage	= Jupiter
Freitag 31. Oktober	10.02 Uhr (Venus-Tag)	im Skorpion	= Jupiter
Sonntag 30. November	02.15 Uhr (Sonne-Tag)	im Schützen	= Mond
Montag 29. Dezember	16.57 Uhr (Mond-Tag)	im Steinbock	= Mars

Beachten Sie bitte, daß alle Stunden vor 6 Uhr – Sonnenaufgang – den Regenten des Vortages haben.

Die sieben Planeten und ihre Kinder.
Holzschnittserie von Hans Sebald Beham um 1530

Das Jahr der Venus
(1997, 2004, 2011)

»Venus ist ein schöner, weißglänzender Stern. Neben der Sonne und dem Mond sieht man sie am häufigsten. Sie vollendet alle Jahre einmal ihren Lauf um die Sonne.

Ihrer Natur nach ist Venus feucht und warm, doch nicht so warm wie Jupiter. Sie gilt als weibisch, temperiert und in allen Aspekten gütig. Man nennt sie ›fortuna minor‹, das kleine Glück. Den Frauen schenkt Venus Schönheit und lange Haare. Sie gibt ihnen ein weiches Gesicht, große runde Augen. Venus begünstigt ihre Schützlinge fast so gut, wie Jupiter es tut, doch sind Venus-Naturen eher dem Müßiggang und den Wollüsten ergeben. Venus kümmert sich hauptsächlich um Jünglinge, Mädchen, Verliebte, Eheleute, Köche, Musikanten, Freunde und Verwandte. Sie macht sanftmütig, barmherzig, freundlich, höflich, schmuck.

Venus ist auch die Patronin der Tänzer, Freier und aller Menschen, die gerne lustig und in Gesellschaft sind, der Seidensticker, Bortenwirker, Maler, Poeten.

Im menschlichen Körper sind ihr Gebärmutter, die Nieren, die Geschlechtsorgane, die Brüste, die Kehle, Lenden, Leber und Geruchssinn zugeordnet.

Venus-Naturen sind Stier- und Waage-Geborene. Das Venus-Jahr ist ihr Jahr.

1997

VENUS-JAHR

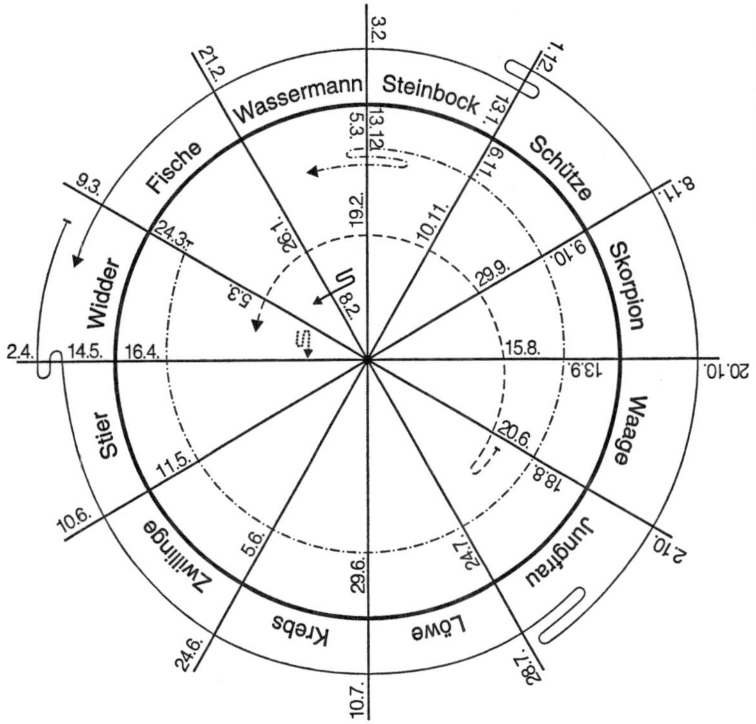

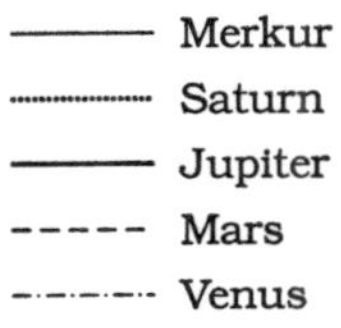

Das Wetter im Venus-Jahr

Das Venus-Jahr
ist jederzeit mehr feucht als trocken,
betrachtet man das Jahr als Ganzes.
Es ist zugleich schwül und ziemlich warm.

Frühling

Weil die Kälte des Sonnen-Jahres ziemlich lange nachwirkt, gibt es einen späten Frühling. Er ist allezeit feucht, durchschnittlich warm und sehr günstig für alle Früchte. Mitunter ist es aber gar zu feucht, so daß man nicht gut säen kann. Dieses Problem ist vor allem bei nassen Feldern gegeben. Späte Fröste braucht man nicht zu befürchten. Wo der Same gut aufgegangen und stark herangewachsen ist, kann man die Schafe bedenkenlos auf die Felder treiben. Man kann sie auch länger auf den Wiesen weiden lassen als in anderen Jahren.

Sommer

Wenn die Nässe im Frühjahr nicht zu groß ist und nicht ständig andauert, folgt ein warmer, schwüler Sommer. Das ist die Regel für das Venus-Jahr. Regnet es aber ständig im Frühjahr, dann folgt ein heißer und trockener Sommer. In diesem Fall wächst ein Spitzenwein. Doch sehr trockene Sommer sind im Venus-Jahr sehr selten. Meistens muß man eher befürchten, daß viel Heu und Getreide auf dem Feld bleibt und dort verfault. Deshalb darf man auch an schönen Feiertag-Nachmittagen nicht müßig sein. Man muß jede Stunde nützen, das Getreide einzufahren.

Wohlgemerkt: Hat das Venus-Jahr einen trockenen Sommer, wird darauf das Getreide teuer. Einen dürren Sommer aber gibt es dann, wenn im Februar, März, April, Mai zuvor eine Sonnenfinsternis zu sehen war oder wenn im Vorjahr ein Komet auftauchte.

Herbst

Gewöhnlich ist er schön und warm, dauert aber nicht lange an. Darum muß mit allem Fleiß danach getrachtet werden, die Weinberge zeitig zu decken und auch den Winterbau frühzeitig zu säen. Denn schon um die Mitte November wintert es gewöhnlich zu. Und vor Weihnachten taut der Boden nicht mehr auf.

Winter

Anfangs ist er leidlich trocken, danach, besonders vom 12. Februar an bis zum Ende, sehr feucht. Dieser Winter bringt große Regengüsse, Überschwemmungen, die den Häusern, Mensch und Vieh Schaden zufügen.

Wohlgemerkt: Wenn auch die Regengüsse nicht notwendigerweise gegeben sind, bleibt dieser Winter doch immer warm und feucht.

Partikular-Witterung der Venus

März Ab 21. gefroren, bald warm, bald trüb, bald wieder gefroren und rauhe Luft. Bald Wind und Regen.

April Anfangs in der vorigen Art, am 4. Schnee. Ist bald lustig, bald schön, bald wieder Regen, Schnee, Wind und unbeständig. Am 15. ist es schön. Am 21. kommen rauhe Winde auf, darauf gibt es Reif und Frost bis zum 30. Dann wird es warm.

Mai Ist am Anfang schön und warm, Gewitter am 6., danach Regen bis zum 17. Von da an wieder feines Wetter. Vom 24. bis zum 29. rauhe Luft, danach schön bis zum Ende.

Juni Ist anfänglich warm und schön bis zum 21., doch kommt es bisweilen zu Gewittern und Regen. Danach fast täglich Gewitter, Regen. Es bleibt unlustig bis zum Ende.

Juli Ist am Anfang trüb und melancholisch. Am 3. und 4. Reif, nachmittags Donner und Regen. Danach schön. Ab dem 10. wieder Regenwetter bis zum 15. Am 16. und 17. ist schönes Heuwetter. Danach Regen bis zum 24. Nach drei Tagen schönem Wetter gibt es zwischen dem 27. und 30. Donner und viel Regen. Der 31. ist ein schöner Tag.

August Es regnet vom Anfang bis zum 8. August. Nach einem schönen Tag setzt wieder Regen ein bis zum 14., der dann ein schöner Tag ist. Danach schöne und warme Erntezeit bis zum 25., von da bis zum Ende Regenwetter. Ausgenommen ist nur der letzte Tag (31. 8.), der schön ist.

September Er fängt schön an. Am 3. wird es windig und trüb, am 4./5. und 6. hat es Reif. Der 7. ist wieder schön. Der 8. und 9. sind unangenehm. Am 10. hat es Reif. Am 11. regnet es. Danach setzt sich schönes, warmes Wetter durch. Am 19., 20., 21. ist es trüb und es regnet leicht. Danach ist es schön bis zum Monatsende.

Oktober Der 1. Tag ist schön, der 2. bringt Gewitter und starken Regen. Es bleibt unlustig bis zum 9. Ab dem 10. ist es wieder schön warm bis zum 14. An diesem Tag setzt nachmittags Regen ein. Danach ist wieder schönes Wetter bis zum 26., einem Tag mit Reif. Wieder ist es schön bis zum 28., an dem es zum erstenmal gefriert. Am 30. fällt der erste Schnee, am 31. ist es trüb und es nieselt.

November Er fängt trüb an mit kalten und rauhen Winden. Der 6. und 7. sind schöne, lustige Tage. Am 8. fällt Regenwetter ein. Es währt bis zum 17., der harten Frost bringt. Am 11. schneit es den ganzen Tag hindurch. Danach fällt fast täglich etwas Schnee bis zum Monatsende. Die letzten Tage sind sehr kalt. Der Schnee bleibt bis Weihnachten liegen.

Dezember Ab dem 2. 12. ist es kalt. Dann schneit es täglich. Am 7. regnet es, am 9. gefriert es. Das Wetter hellt sich auf. Vom 20. bis zum 25. dauert unlustiges Regenwetter an. Und dann wird und bleibt es kalt.

Januar Die Kälte dauert an. Am 7. schneit es. Am 8. wird es wieder kalt. Und die Kälte dauert bis zum 15. An diesem Tag wird es wärmer. Es schneit und regnet dann bis zum 23., woraufhin erneut Kälte einsetzt. Am 30. ist es wieder wärmer.

Februar Er fängt trüb an, dann wird der 4. ein lustiger Tag. Danach ist es wieder unlustig. Am 8. fällt große Kälte ein. Am 9. wird es sogar so kalt wie seit Jahren nicht mehr. Auch am 10. und 11. ist es bitter kalt. Am 12. wird es plötzlich so warm, daß der Schnee in einem Tag weggetaut ist. Es kommt zu Überschwemmungen. Das weiche, warme Winterwetter dauert fort bis zum 27. Danach ist es bis zum Monatsende rauh und unlustig mit Frost. Um den 15. waren die Wasserfluten am schlimmsten. Überall haben sie unaussprechlichen Schaden zugefügt, Häuser und Menschen mitgerissen.

März Er fängt an mit Wärme und Regen und dauert so weiter. Der 11. und 12. sind zwei herrliche, schöne Fastentage. Danach fällt wieder Regen bis zum 25. An diesem Tag hellt es auf, danach ist es schön und warm bis zum 21. März, dem Ende des Venus-Jahres.«

Das Wetter speziell im Venus-Jahr 1997

berechnet nach
den Regeln von Abt Mauritius Knauer

Saturn verweilt in diesem Jahr im Sternzeichen Widder. Er startet über dem 29. März und kommt für seine Verhältnisse sehr zügig voran bis zum 10. April, den er am 20. August erreicht. Dann wandert er rückwärts, kommt bis zum 3. April und steht am Ende des Venus-Jahres wieder über dem 10. April. Im Sternzeichen Widder ist der Planet sehr heftig, stürmisch. Es kann zu besonders schlimmen Brandkatastrophen und zu vielen Terroranschlägen kommen. Die betroffenen Geburtstage müssen mit Behinderungen und Krisen rechnen. Besonders krankmachendes Wetter gibt es Ende März, um den 12. Juli, um den 10. Oktober und Ende Dezember.

Jupiter hält sich bis Februar 1998 im Sternzeichen Wassermann. Er startet über dem 1. Februar, kommt zunächst bis zum 11. Februar, dreht dann um und kehrt bis zum Ausgangspunkt zurück. Danach eilt er sehr schnell dahin, wechselt am 8. Februar in das Sternzeichen Fische und steht am Ende über dem 1. März. Jupiter gilt als Glücksplanet. Da er von Saturn nicht negativ beeinflußt wird, kann er sich frei entfalten. Besonders schönes Wetter dürften wir in den ersten Apriltagen, im Juni, im August Anfang Oktober und Anfang Dezember haben.

Mars wandert zunächst rückwärts, kehrt zurück vom 18. September bis zum 9. September. Somit verweilt er bis zum 20. Juni im Sternzeichen Jungfrau. Das kann den Zwillingen, Jungfrauen, Schützen und Fischen gesundheitliche Probleme bringen. Danach kommt er aber besonders gut voran: 20. 6. Waage, 15. 8. Skorpion, 29. 9. Schütze, 10. 11. Steinbock, 19. 12. Wassermann, 26. 11.

Fische und 5. 3. Widder. Am Ende steht er über dem 2. April. Sehr stürmische Tage dürfte es in diesem Jahr vor allem im Juli und im Dezember geben.

Venus startet über dem 16. März und zieht unbeirrbar ihre Bahnen bis zum 26. Januar, den sie am 27. Dezember erreicht. Sie kehrt dann um und erreicht noch einmal den 19. Januar. Am Ende steht sie über dem 3. Februar. Ihre Stationen auf diesem Weg: 24. 3. Widder, 16. 4. Stier, 11. 5. Zwillinge, 5. 6. Krebs, 29. 6. Löwe, 24. 7. Jungfrau, 18. 8. Waage, 13. 9. Skorpion, 9. 10. Schütze, 6. 11. Steinbock, 13. 12. Wassermann. Damit dürfte der Winter in diesem Jahr recht trocken bleiben und nicht sehr kalt werden. In der Liebe bevorzugt werden im Winter die Sternzeichen Widder, Zwillinge, Waage, Schütze und Wassermann.

Merkur beginnt seinen Lauf über dem 26. März und kommt dann zügig voran bis zum 30. April, den er am 17. April erreicht. Dann kehrt er um und läuft zurück bis zum 20. April. Am 14. 5. ist er wieder im Stier, am 10. 6. in den Zwillingen, am 24. 6. im Krebs, am 10. 7. im Löwen, am 28. 7. in der Jungfrau und kommt dort bis zum 9. September. Dann folgt die zweite Schleife: Rückkehr bis zum 26. 8. Erst am 2. 10. erreicht Merkur dann die Waage, am 20. 10. den Skorpion, am 8. 11. den Schützen, am 1. 12. den Steinbock. Über dem 25. Dezember vollzieht er die dritte Kehrtwendung, wandert diesmal aber nur bis zum 20. Dezember zurück, ist am 13. 1. wieder im Steinbock, am 3. 2. im Wassermann und am 9. 3. im Widder. Dort kommt er bis zum 8. April. Für sehr windiges Wetter sorgt Merkur vor allem Mitte April, Ende Mai, Mitte Juli und Ende November.

Aufgrund dieser Planetenläufe wird das Wetter im Venus-Jahr 1997 folgendermaßen aussehen:

März Um den 24. beginnt ein recht angenehmer, früher Frühling, der aber am 28. schon wieder vorbei ist. Recht naßkaltes Wetter bis zum Monatsende.

April Der April wird am 4. sehr schön und warm, am 7. beginnt eine Phase mit unangenehmem Aprilwetter. Sehr stürmisch um den 9., Überschwemmungsgefahr um den 19./20., wieder recht stürmisch um den 28./29. Das Wetter bleibt wechselhaft bis zum Monatsende.

Mai Ein schöner Monat, der nur wenige kalte und regnerische Tage bringen wird. 14. und 25. werden die schlechtesten. Die 4 Eisheiligen zwischen dem 11. und 15. zeigen sich besonders kalt und ungemütlich.

Juni Der Juni wird um den 12. besonders schön. Es ist schon richtig Sommer und ziemlich heiß. Es gibt aber auch heftige Gewitter, vor allem um den 11. und 16. Am 19. kippt das Wetter. Es wird regnerisch und kalt. Recht schlechte Tage: 23. und 28.

Juli Recht wechselhaftes, regnerisches und windiges Wetter bis zum 12. Danach folgen einige sehr schöne Tage bis zum 20. Danach kommt es zu sehr heftigen Regengüssen und vielleicht sogar zu Wetterkatastrophen, vor allem um den 21. Schlimmster Tag: 29.

August Ein Monat mit sehr warmem, zumeist aber schwülem Wetter. Anstrengend für die Gesundheit! Heftiger Regen am 11. Vom 18. bis zum 23. trockenes Wetter, dann heftige Gewitter. Nur der 26. wird regnerisch und kühl.

September Partielle Sonnenfinsternis am 2., Mondfinsternis am 16. Sehr trübes Wetter am 3. Es bleibt wechselhaft bis zum 9. Dann wird es etwas besser bis zum 15. Am 16. heftiger Regen. Ab dem 20. früher Herbst mit fast ungestörtem Wetter und recht angenehme Temperaturen.

Oktober Schlechtes Wetter bis zum 4. Dann einige sehr schöne Tage bis zum 9. Sehr kalt und neblig trüb ab dem 10. Es bleibt schlecht bis zum 16. Danach folgen schönere Tage, die um den 20. aber immer wieder durch Nässe und Kälte unterbrochen werden. Sehr stürmisch vor allem um den 28. Die letzten Tage sind wieder freundlicher.

November Der Monat beginnt recht trocken und bleibt einigermaßen schön bis um den 20. Dann fällt der erste Schnee, und es wird recht naßkalt. Um den 27. ist es bereits richtig winterlich mit Eisglätte und sehr kalten Nächten. Es bleibt ziemlich kalt bis zum Monatsende.

Dezember Heftiges Schneetreiben um den 8. Sie wiederholen sich um den 16. Danach besteht Hochwassergefahr, da es wieder wärmer wird und der Schnee in Regen übergeht. Um Weihnachten dürfte kein Schnee mehr liegen. Es bleibt recht lau bis zum Monatsende.

Januar Um den 4. kann es ziemlich kalt werden. Um den 11. ist mit ergiebigen Schneefällen zu rechnen. Der Winter kann dann recht schön werden. Nicht zu kalt, ausreichend Schnee für den Wintersport. Sehr stürmisch wird es aber in den letzten Januartagen.

Februar Die ersten drei Tage bringen schönes Wetter. Am 4. wird es sehr kalt. Es bleibt aber ziemlich trocken. Die besten Tage liegen zwischen dem 11. und 23. Um den 28. wird es dann aber recht regnerisch und trüb.

März Der Monat beginnt regnerisch, geht dann in sehr wechselhaftes, aber nicht unbedingt schlechtes Wetter über. Nur der 10. und der 11. sind recht regnerische und ungute Tage. Ab dem 13. wird es wieder heiter und schöner.

Hinweise für Garten, Landwirtschaft und Gesundheit

Nun wieder original die Anmerkungen
von Abt Mauritius Knauer

Die Sommersaat

»Wenn der Frühling ausgesprochen naß ist, daß es schier täglich regnet, muß man zusehen, daß der Same zeitig ins Feld gebracht wird. Denn in diesem Fall folgt ein heißer, dürrer Sommer, in dem es möglicherweise wochenlang nicht regnet.

Ist dagegen der Frühling nicht übermäßig naß, folgt in der Regel ein warmer, feuchter Sommer. Man bräuchte sich mit der Aussaat nicht zu beeilen.

Wird der Sommer heiß und dürr, bleiben die Sommerfrüchte sehr zurück. Ist er aber feucht, wie das der Regel entspricht, geraten alle Sommerfrüchte im Überfluß. Es kommt dann nur noch darauf an, wie man sie ohne Schaden nach Hause bringt.

Wenn man also im Frühling sieht, daß es nicht alle Tage regnet, muß man Hülsenfrüchte wie Wicken, Erbsen, Linsen auf magere Felder säen, sonst wachsen sie zu sehr aus und verfaulen.

Im dürren Sommer wird aus Flachs und Hanf nichts Rechtes. Doch weil der trockene Sommer im Venus-Jahr die Ausnahme bleibt, darf man mit einer guten Ernte in beiden Fällen rechnen.

Im Venus-Jahr wächst stets viel Heu und auch genug Grummet (zweites Heu, Öhmd), es sei denn wiederum, der Sommer wäre trocken gewesen. In diesem Fall bliebe das Gras natürlich zurück.

Der Winterbau

Wie immer das Venus-Jahr ausfallen mag: Bei Korn und Weizen gibt es viel Stroh von weniger guter Qualität. Das kann man nur verhüten, wenn man die Felder im Frühjahr gut abhüten (abweiden) läßt. Dann wird auch das Stroh besser.

Man muß auf der Hut sein, daß man es unverfault und unausgewaschen hereinbringt.

Die Herbstsaat

Wegen des frühen Winters muß man im Herbst zeitig säen. Wegen der großen Güsse mitten im Winter und gegen sein Ende hin soll der Same untergesät werden, damit er nicht ausgewaschen wird.

Das Obst

Im Venus-Jahr fällt die Obsternte unterschiedlich aus. Wenn es im Frühling übermäßig naß ist, gedeiht von allen Sorten recht wenig.

Ist der Frühling jedoch einigermaßen günstig, wie das im Venus-Jahr normalerweise der Fall ist, wachsen viel Kirschen, Zwetschgen und Äpfel, aber nicht viel Birnen, ausreichend Nüsse, aber keine Eicheln, obwohl sie sehr früh blühen.

Kirschen und Sauerkirschen (Weichseln) gibt es eigentlich in jedem Venus-Jahr.

Der Hopfen

In diesem Jahr wächst viel und ein ziemlich guter Hopfen. Und weil er im Preis fallen dürfte, sollte man sich auch für das künftige Jahr eindecken, in dem er nicht mehr so gut geraten wird.

Der Weinbau

Das Venus-Jahr hat normalerweise einen vollkommenen Herbst. Man muß allerdings darauf achten: Die Trauben faulen unter diesem Planeten schneller als unter allen anderen.

Dem Wein droht vom Frost weder im Frühjahr noch im Herbst Gefahr. Daß er im Jahre 1626 erfroren ist, das geht wohl zu Lasten von Hexen und Unholden. Wächst in diesem Jahr kein Spitzenwein, so gibt es doch einen vortrefflichen Speisewein.

Unter keinem anderen Planeten wächst ein gesünderer Wein als unter der Venus.

Die Weinberge müssen im Herbst zeitig gedeckt werden. Nach Martini (11. November) kann man nicht mehr in die Erde kommen, weil der Boden gefroren ist.

Was im vorigen Jahr beim Weineinkauf versäumt wurde, sollte jetzt nachgeholt werden. Denn die drei nachfolgenden Jahre werden Mißernten bringen und keinen Wein von einigermaßen Qualität. Sollte man im Herbst nicht dazu kommen, dann müßte man es unbedingt in der nachfolgenden Fastenzeit tun. Man darf sich dann nicht täuschen lassen: Mag es auch noch so vielversprechend aussehen, als käme wiederum ein gutes Weinjahr: Die Hoffnung wird vergeblich sein.

Man tut auch gut daran, sich im Venus-Jahr mit Getreide vorzusehen!

Das Ungeziefer

Das Venus-Jahr hat viel Ungeziefer wie Kröten, Schlangen, Schmetterlinge, Heuschrecken. Im Sommer und Herbst gibt es sehr viele Mäuse, die nicht nur den Früchten auf dem Feld, sondern auch vor allem dem unausgedroschenen Getreide in den Stadeln großen Schaden zufü-

Darstellung der ›Planeten‹
aus einem Planetenbuch aus dem Jahre 1553

gen. Es wachsen auch die Würmer häufig im Getreide auf dem Boden (im Speicher).

Die Fische

Fische gibt es in diesem Jahr genug. Nur die Lachsforellen sind etwas seltener.

Wind, Überschwemmungen, Ungewitter

Das Venus-Jahr hat sehr viele, fast tägliche große Ungewitter, die zwar keine Brände auslösen, aber durch schwere Wolkenbrüche und Unwetter zu Überschwemmungen führen und den Brachfeldern großen Schaden zufügen.

Die Krankheiten

In diesem Jahr häufen sich Krankheiten, die mit den Geschlechtsorganen von Mann und Frau zu tun haben. Außerdem muß man besonders auf Leber und Magen achten, die kalter und feuchter Materie zugehörig sind. Ferner grassieren Geschlechtskrankheiten, Durchfall, Erkältungen des Magens, innere Geschwüre, Seitenstechen. An manchen Orten brechen Seuchen aus.«

Das MERKUR-JAHR 1998

Kalender des Merkur-Jahres 1998

	Januar	Februar	März	April	Mai	Juni
1.	Do	**So**	**So**	Mi	Fr	**Pf.-Mo.**
2.	Fr	Mo	Mo	Do	Sa	Di
3.	Sa	Di	Di	Fr	**So**	Mi
4.	**So**	Mi	Mi	Sa	Mo	Do
5.	Mo	Do	Do	**So**	Di	Fr
6.	**3 König**	Fr	Fr	Mo	Mi	Sa
7.	Mi	Sa	Sa	Di	Do	**So**
8.	Do	**So**	**So**	Mi	Fr	Mo
9.	Fr	Mo	Mo	Do	Sa	Di
10.	Sa	Di	Di	Fr	**So**	Mi ○
11.	**So**	Mi ○	Mi	Sa ○	Mo ○	**Fronl.**
12.	Mo ○	Do	Do	**Ostern**	Di	Fr
13.	Di	Fr	Fr ○	**O.-Mo.**	Mi	Sa
14.	Mi	Sa	Sa	Di	Do	**So**
15.	Do	**So**	**So**	Mi	Fr	Mo
16.	Fr	Mo	Mo	Do	Sa	Di
17.	Sa	Di	Di	Fr	**So**	Mi
18.	**So**	Mi	Mi	Sa	Mo	Do
19.	Mo	Do	Do	**So**	Di	Fr
20.	Di	Fr	Fr	Mo	Mi	Sa
21.	Mi	Sa	Sa	Di	**Himmelf.**	**So**
22.	Do	**So**	**So**	Mi	Fr	Mo
23.	Fr	Mo	Mo	Do	Sa	Di
24.	Sa	Di	Di	Fr	**So**	Mi ●
25.	**So**	Mi	Mi	Sa	Mo ●	Do
26.	Mo	Do ●	Do	**So** ●	Di	Fr
27.	Di	Fr	Fr	Mo	Mi	Sa
28.	Mi ●	Sa	Sa ●	Di	Do	**So**
29.	Do		**So**	Mi	Fr	Mo
30.	Fr		Mo	Do	Sa	Di
31.	Sa		Di		**Pfingsten**	

	Juli	August	Sept.	Okt.	Nov.	Dez.
1.	Mi	Sa	Di	Do	**Allerh.**	Di
2.	Do	**So**	Mi	Fr	Mo	Mi
3.	Fr	Mo	Do	Sa	Di	Do ○
4.	Sa	Di	Fr	**So**	Mi ○	Fr
5.	**So**	Mi	Sa	Mo ○	Do	Sa
6.	Mo	Do	**So** ○	Di	Fr	**2. Advent**
7.	Di	Fr	Mo	Mi	Sa	Mo
8.	Mi	Sa ○	Di	Do	**So**	Di
9.	Do ○	**So**	Mi	Fr	Mo	Mi
10.	Fr	Mo	Do	Sa	Di	Do
11.	Sa	Di	Fr	**So**	Mi	Fr
12.	**So**	Mi	Sa	Mo	Do	Sa
13.	Mo	Do	**So**	Di	Fr	**3. Advent**
14.	Di	Fr	Mo	Mi	Sa	Mo
15.	Mi	Sa	Di	Do	**So**	Di
16.	Do	**So**	Mi	Fr	Mo	Mi
17.	Fr	Mo	Do	Sa	Di	Do
18.	Sa	Di	Fr	**So**	Mi	Fr ●
19.	**So**	Mi	Sa	Mo	Do ●	Sa
20.	Mo	Do	**So** ●	Di ●	Fr	**4. Advent**
21.	Di	Fr	Mo	Mi	Sa	Mo
22.	Mi	Sa ●	Di	Do	**So**	Di
23.	Do ●	**So**	Mi	Fr	Mo	Mi
24.	Fr	Mo	Do	Sa	Di	Do
25.	Sa	Di	Fr	**So**	Mi	**Weihnacht**
26.	**So**	Mi	Sa	Mo	Do	**2. Weihn.**
27.	Mo	Do	**So**	Di	Fr	**So**
28.	Di	Fr	Mo	Mi	Sa	Mo
29.	Mi	Sa	Di	Do	**1. Advent**	Di
30.	Do	**So**	Mi	Fr	Mo	Mi
31.	Fr	Mo	Do	Sa		Do

Die Stunden des Neumondes und ihre Regenten

(Greenwichzeit)

Mittwoch 28. Januar	06.01 Uhr (Merkur-Tag)	im Wassermann	= Merkur
Donnerstag 26. Februar	17.26 Uhr (Jupiter-Tag)	in den Fischen	= Merkur
Samstag 28. März	03.14 Uhr (Saturn-Tag)	im Widder	= Venus
Sonntag 26. April	11.42 Uhr (Sonne-Tag)	im Stier	= Jupiter
Montag 25. Mai	19.33 Uhr (Mond-Tag)	in Zwillingen	= Merkur
Mittwoch 24. Juni	03.51 Uhr (Merkur-Tag)	im Krebs	= Mars
Donnerstag 23. Juli	13.44 Uhr (Jupiter-Tag)	im Löwen	= Jupiter
Samstag 22. August	02.04 Uhr (Saturn-Tag)	im Löwen	= Sonne
Sonntag 20. September	17.02 Uhr (Sonne-Tag)	in der Jungfrau	= Saturn
Dienstag 20. Oktober	10.10 Uhr (Mars-Tag)	in der Waage	= Mond
Donnerstag 19. November	04.27 Uhr (Jupiter-Tag)	im Skorpion	= Mond
Freitag 18. Dezember	22.43 Uhr (Venus-Tag)	im Schützen	= Mond

Beachten Sie bitte, daß alle Stunden vor 6 Uhr – Sonnenaufgang – den Regenten des Vortages haben.

Die sieben Planeten und ihre Kinder.
Holzschnittserie von Hans Sebald Beham um 1530

Das Jahr des Merkur
(1998, 2005, 2012)

»Merkur ist ein kleiner, glänzender, aber nicht weiß scheinender Stern, allezeit bei der Sonne. Er ist von veränderlicher und unbeständiger Natur. Mit guten Konjunktionen und Aspekten ist er gut, mit bösen bös, mit männlichen männlich, mit weibischen weibisch, mit glücklichen glücklich, mit unglücklichen unglücklich, mit feuchten feucht, mit hitzigen hitzig. Er vollendet jährlich seinen Lauf. Doch ist seine eigene Natur kalt und trocken. Den Menschen, die er unter sich hat, macht er lange Finger und gibt ihnen eine unbeständige Natur. Sie erdenken immer etwas anderes und sind nie ruhig, aber arglistig und verschlagen. Sie halten gern hinterm Busch (haben Heimlichkeiten) und machen ihre Sache nicht offenherzig (sind nicht offen). Merkur bedeutet die jüngeren Brüder und Knechte, desgleichen alle, die einen guten Verstand haben, nämlich Philosophen, Mathematiker, Schreiber, Kanzler, Kaufleute, Bildhauer und allerlei kunstfertige Meister, Verschmitzte, Betrüger, Unbeständige, Vorwitzige (Neugierige), Fleißige. Merkur verleiht Reichtum, der durch Kunst und Kaufmannschaft erworben wird.

1998
MERKUR-JAHR

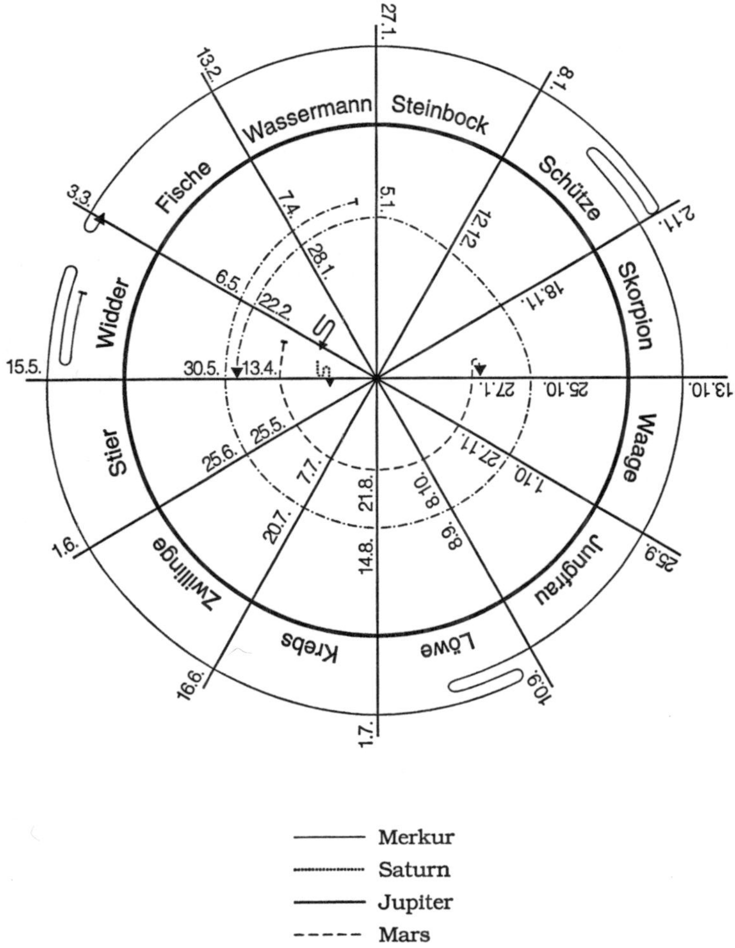

Das Wetter im Merkur-Jahr

Das Jahr ist im ganzen
mehr trocken als feucht, auch mehr kalt als warm,
selten fruchtbar.

Frühling

Der ausgehende März ist warm. Die Wiesen fangen an zu grünen. Doch der April zeigt sich anfangs bis gegen den 24. 4. trocken, kalt und ungeschlacht. Danach wird es schön lieblich und warm. Der Mai hat nach dem Anfang etliche rauhe Tage, danach wird es bisweilen warm und schön. Öfter aber ist der ganze Frühling meistenteils, nachdem er die erste Hälfte hinter sich hat, bis zum Ende kalt, rauh, unmild, so daß sowohl der Wein als auch der Winterbau in große Gefahr gerät und die Blüte leicht erfriert. Desgleichen können alsdann die Gartenfrüchte auch nicht recht fortkommen.

Sommer

Im Sommer fällt ziemlich viel Regen, von dem die Erde jedoch nicht recht erquickt wird. Es gibt immer wieder schöne Tage zwischen dem Regenwetter, in denen Heu und Getreide hereingebracht werden können. Doch muß man sich beeilen und darf nicht säumig werden.

Herbst

Der erste Teil des Herbstes ist recht regnerisch und bringt früh schon Reif und Frost. Wenn aber die Hälfte des Oktobers vorbei ist, fällt endlich schönes, trockenes Wetter ein, und das dauert an bis zum Advents-Anfang. Allerdings gibt es hie und da einen leichten Regen. Mit der Weinlese und mit der Herbstsaat braucht man sich nicht zu sehr zu beeilen.

Winter

Nach dem annehmbar schönen Herbst kommt anfangs Dezember plötzlich der Winter auf. Es schneit zuerst auf den nassen Boden, der dann gefriert. Es wird sehr kalt und gibt Schnee bis in den Februar hinein, der sich etwas milder anläßt. Mitte Februar schneit es wieder zu, und es gibt noch einmal große Kälte bis gegen den 4. März. Dann wird es etwas milder. Ein erneuter Rückfall in große Kälte dauert bis gegen Ende März. Am Monatsende kommen starke Sturmwinde auf. Man muß genügend Futter beschaffen.

Partikular-Witterung des Merkur

März Vom 21. an fällt warmer Regen. Um den 25. hellt es sich auf. Es wird sehr schön und warm. Nur der letzte Tag (31. 3.) ist kühl.

April Er ist durchgehend kalt, trocken und unangenehm bis zum 24. Am 16. und 17. sind in der grimmigen Kälte der ganze Rosmarin und die Kölnischen Nägelein (Nelken) im Garten erfroren. Vom 24. bis zum Monatsende hält das liebliche warme Wetter an. Am 27. donnert es zum erstenmal.

Mai Das schöne warme Wetter dauert bis zum 5. Von da an ist es drei Tage lang windig und rauh. Zwischen dem 8. und 18. wird es schön warm, trocken und sehr heiß. Das Wachstum auf den Feldern wird stark behindert. Die Dürreperiode dauert bis zum 24. Am 20. ist es aber kalt, und es gefriert. Der 24. ist ein schöner warmer Tag. Das gute Wetter hält an bis zum Monatsende.

Juni Er fängt schön an. Zwischen dem 3. und dem 9. regnet es, danach herrscht in der Frühe Nebel, und es finden sich schöne Tage bis zum 13. Danach regnet es erneut bis zum 22. und 23. Es kommt zuletzt zu Gewittern und Regen. Vom 24. bis zum Monatsende herrscht eine schöne Zeit mit herrlicher Wein- und Weizenblüte.

Juli Mit großer Hitze fängt er an. 4. und 5.: schwere Gewitter und Regen. 6., 7.: Heuwetter. 8. bis 12.: Regenwetter. Nach einem einzigen schönen Tag (13.) wieder Regen bis zum 21. Danach ist es bis zum 27. am Tag schön, nachts aber kühl mit Reif. Am 27. und 28. gibt es Gewitter und Regen, dann bleibt es sehr warm bis zum Monatsende.

August Er fängt mit großer Hitze an. Am 4. beginnt es zu regnen. Das schlechte Wetter mit großen und ungewöhnlichen Sturmwinden dauert bis zum 12. Nach einem schönen Tag wird das Wetter wieder wechselhaft bis zum 20. und 21. Wieder folgt einem einzigen Tag mit schönem Wetter Regen bis zum 26. Danach bleibt es schön bis zum Monatsende.

September Zunächst setzt sich das schöne Wetter fort, doch schon am 3./4. fällt starker Regen. Eine Schönwetter-Periode dauert bis zum 20. und wird nur am 9. durch ein Unwetter unterbrochen. Nach dem 20. ist das Wetter wechselhaft bis zum 29. In den letzten Tagen regnet es stark.

Oktober Er fängt an mit Regen, der bis zum 7. und 8. andauert. Nach zwei schönen, warmen Tagen bleibt es bis zum 14. trüb, warm, regnerisch. Der 14., 15. und 16. sind schön, danach regnet es stark bis zum 23. Schöne Tage erstrecken sich bis zum 29., danach gibt es Nebel und trübes Wetter.

November Er fängt schön an. Am 3./4. kommt starker Wind auf. Danach regnet es zwei Tage lang. Bis zum 16.

sind die Tage schön, abgesehen von gelegentlichem Nebel und einigen Eintrübungen. Am 16. gibt es Frost. Danach folgen trübe, kalte Tage bis zum 27. Danach herrscht Regenwetter bis zum Monatsende.

Dezember Schon am ersten Tag fällt Schnee auf den nassen Boden und es wintert rasch zu. Es folgen drei windige und stürmische Tage. Am 5. schneit es erneut sehr stark. Am 6. hellt es auf, und es wird sehr und grausam kalt. Die Kälte dauert bis zum 20. Dann beginnt es zu regnen. Bei uns (Main-Gebiet) wird der erste Schnee weggewaschen, im Wals (Bayerischer Wald), Bayern und Böhmen bleibt er liegen. Am 29. schneit es wieder zu, worauf grimmige Kälte folgt.

Januar Den ganzen Monat über herrscht grimmige Kälte. Es gibt keine Niederschläge, und es ist auch windstill. Am 30. wird es dann windig, nieselig und wieder etwas milder.

Februar Dieser Monat zeigt sich zuerst trüb und mild, dann, vom 4. bis 6., trüb und kalt. Der 7. ist ein schöner, lieblicher Tag. Doch gleich wird es wieder regnerisch und stark windig. Am 13. schneit es wieder zu. Und es folgt noch einmal eine große Kälte, die bis zum 3. März andauert.

März Kälte bis zum 3. Am 4. regnet es stark, am 5. schneit es abends wieder zu. Es folgt große Kälte bis zum 20.«

Das Wetter speziell im Merkur-Jahr 1998

berechnet nach
den Regeln des Abtes Mauritius Knauer

Saturn verweilt in diesem Jahr besonders lange über den Geburtstagen 20. bis 23. April. Er startet im Sternzeichen Widder über dem 8. April und wandert ohne Aufenthalt voran und erreicht am 9. Juni den Stier. Über dem 23. April bleibt er stehen und kehrt dann wieder in den Widder zurück und kommt dort bis zum 16. April voran. Am Ende des Merkur-Jahres steht er wieder im Stier über dem 21. April. Schlechtwetter-Perioden sind damit vor allem Mitte April, Anfang August, Ende Oktober und Mitte Januar zu erwarten.

Jupiter beglückt in diesem Jahr vor allem die Fische (zugleich aber auch Stier, Krebs, Skorpion und Steinbock). Er startet über dem 1. März und wandert ohne Aufenthalt bis zum 19. März. Dann kehrt er zum 9. März zurück und erreicht am 14. Februar den Widder. Am Jahresende steht er über dem 29. März. Da in dem Sternzeichen Fische der Jupiter recht feucht ist, müssen wir mit einem recht regnerischen Jahr rechnen.

Mars wandert in diesem Jahr ohne Aufenthalt vom Stier bis zum Skorpion, den er am 27. Januar erreicht. Erst dann, über dem 5. November, kehrt er um. Am Jahresende steht er über dem 4. November. Seine Stationen auf diesem Weg: Start über dem 1. April. Er erreicht den Stier am 13. 4., die Zwillinge am 25. 5., den Krebs am 7. 7., den Löwen am 21. 8., die Jungfrau am 8. 10., die Waage am 27. 11., den Skorpion am 27. 1. Mars bringt Sturm und schlechtes Wetter vor allem Anfang Mai und Mitte Januar.

Venus kennt in diesem Jahr keine Verzögerung. Sie startet über dem 3. Februar, also im Sternzeichen Wassermann und ist bereits nach 9 Monaten zum Ausgangspunkt zurückgekehrt. Am Jahresende befindet sie sich im Stier, über dem 21. April. Die Stationen auf diesem Weg: 7. 4. Fische, 6. 5. Widder, 30. 5. Stier, 25. 6. Zwillinge, 20. 7. Krebs, 14. 8. Löwe, 8. 9. Jungfrau, 1. 10. Skorpion, 25. 10. Skorpion, 18. 11. Schütze, 12. 12. Steinbock, 5. 1. Wassermann, 28. 1. Fische, 22. 2. Widder und 20. 3. Stier. Die schwierigsten Venus-Phasen für das Wetter werden: April, August, November und Februar.

Merkur läßt sich zunächst viel Zeit. Er kommt nur vom 6. bis zum 11. April voran. Dann kehrt er zurück bis zum 30. März. Erst am 15. 5., weit hinter der Sonne, erreicht er dann den Stier, am 1. 6. die Zwillinge, am 16. 6. den Krebs, am 1. 7. den Löwen. Über dem 20. 8. vollzieht er die zweite Kehrtwendung. Er pendelt über die Löwe-Geburtstage bis zum 10. 9. Erst dann ist er in der Jungfrau, am 25. 9. in der Waage, am 13. 10. im Skorpion, am 2. 11. im Schützen. Dort kommt Merkur zum dritten Aufenthalt. Er dauert bis zum 8. 1. Danach erreicht er den Steinbock, am 27. 1. den Wassermann, am 13. 2. die Fische, am 3. 3. den Widder. Weil es erneut zur Kehrtwende kommt, steht er am Jahresende wieder im Sternzeichen Fische, über dem 20. 3.

Aufgrund dieser Planetenläufe wird das Wetter im Merkur-Jahr 1998 folgendermaßen aussehen:

März Nicht unangenehm. Zwar etwas feucht, aber nicht mehr kalt. Ab dem 25. kann es sogar sehr schönes, heiteres Wetter geben.

April Vom 2. bis 9. wird es noch einmal bitter kalt. Bis zum 12. herrscht dann wechselhaftes Wetter, das am 13. jedoch wieder sehr schlecht und kalt wird. Es dürfte sogar noch einmal schneien. Das garstige Wetter dauert an bis um den 15. Es wiederholt sich noch einmal um den 22.

Am 30. müssen wir dann mit heftigen Stürmen rechnen. Ein miserabler April!

Mai Um den 3. haben wir noch einmal sehr stürmisches Wetter. Dann wird es jedoch rasch besser. Eine sehr gute Periode liegt zwischen dem 11. und 20. Die Eisheiligen dürften sehr mild ausfallen. Ab dem 20. kann es schon richtig heiß werden. Sehr heftige Gewitter dann um den 28. mit nachfolgenden Regentagen.

Juni Sehr heftige, vielleicht sogar kalte Tage bis zum 9. Danach bessert sich das Wetter nur zögerlich. Es bleibt recht windig und kühl. Die schönsten Tage kommen um den 21. Ab dem 25. wird es wieder recht regnerisch und trüb.

Juli Auch der Juli bringt zunächst noch keinen rechten Sommer. Es ist für die Jahreszeit zu kühl. Die Sonne hat wenig Chancen. Erst um den 20. wird es plötzlich sehr warm. Ab dem 23. regnet es aber schon wieder. Danach bleibt es recht wechselhaft. Nicht gerade einladend.

August Bis zum 8. ist es wieder recht stürmisch und regnerisch. Dann folgen einige recht schöne Tage bis zum 18. Am 20. kann es zu sehr schweren Gewittern, Wolkenbrüchen und verheerenden Überschwemmungen kommen. Richtig warm wird es in diesem August erst ab dem 22. Der 26. und 28. sind dann aber wieder Tage mit recht schlechtem Wetter.

September Der 4. und 5. werden wieder ungewöhnlich stürmische Tage. Vom 9. bis zum 19. ist das Wetter dann aber fast durchgehend schön. Es wird in diesem September noch sehr warm sein, nur der 11. macht eine Ausnahme mit schlechtem Wetter. Die letzten Tage müßten recht angenehmes, heiteres Herbstwetter bringen.

Oktober Sehr schöner, warmer, trockener Monat mit einem farbenprächtigen Herbst. Nur der 12., 17. und 23.

fallen aus dem Rahmen, bringen Stürme und Kälte. Doch es folgen dann immer sehr schnell wieder recht angenehme Tage.

November Der November beginnt sehr düster, neblig, trüb und kalt. Das dauert etwa bis zum 8. Dann folgen wieder recht schöne Tage, die sogar noch warm sein können. Das dauert bis zum 23. Danach wird es wechselhaft und sehr windig. Am 30. wird es richtig kalt und eisig.

Dezember Die ersten drei Tage sind kalt und trüb, aber nicht unbedingt regnerisch. Dann folgt ein nahezu ungetrübter Wintermonat, in dem es allerdings nicht viel Schnee geben dürfte. Es werden immer wieder einige Schneeflocken fallen, die aber nicht liegen bleiben. Es ist kalt, aber nicht bissig. Die Sonne kann immer wieder durchbrechen. Der schwierigste Tag mit orkanartigen Winden wird der 22. Nach Weihnachten ist das Wetter wieder fast angenehm.

Januar Schneefall um den 4. Dann folgt sehr schönes Winterwetter bis zum 16. Am 17. wird es bitter kalt, und es folgt ein strenger, frostiger Winter, der auch immer wieder heftige Schneestürme bringen kann. Bis zum Monatsende ist keine Besserung abzusehen.

Februar Vor allem die ersten beiden Tage des Monats bringen heftige Winterstürme und orkanartige Wetterkatastrophen an den Küsten und auf den Bergen. Das schlechte Wetter dauert bis zum 8. Dann wird es erträglich, aber nicht unbedingt schön. Es bleibt kalt und naß mit nur gelegentlichen Aufheiterungen.

März Katastrophentage 1. und 2. Es bleibt recht kalt, keine Spur von Frühling. Das Merkur-Jahr verabschiedet sich am 20. mit heftigen Regenfällen. Kein erfreulicher Monat.

Hinweise für Garten, Landwirtschaft und Gesundheit

Nun wieder original Abt Mauritius Knauer

Zu den Wetterprognosen gibt Abt Mauritius Knauer jeweils auch praktische Hinweise für Landwirtschaft und Gärtnerei und wichtige Tips für die Gesundheit:

Die Sommersaat

»Merkur-Jahre sind im allgemeinen recht gute Gerstenjahre. Überhaupt gerät aller Sommerbau, mit Ausnahme von Hirse, ziemlich wohl. Die erste und letzte Aussaat gedeiht am besten.

Erbsen, Linsen, Hafer, Wicke sät man in diesem Jahr in Boden, der nicht zu trocken und nicht zu naß ist – aber auch nicht zu fett.

Kraut und gelbe Rüben geraten wohl. Von Vögeln droht dem Kraut wenig Schaden, doch die Schnecken machen sich daran.

Das Heu wird ausreichend und gut.

War das vorhergehende Venus-Jahr im Sommer trocken, wächst im Merkur-Jahr viel Grummet (zweites Heu).

Die weißen Rüben fressen die Schnecken ab.

Hanf und Flachs wachsen gut, doch der Hanf bleibt klein und kurz und wiegt nicht schwer.

Der Winterbau

Hatte das vorhergehende Venus-Jahr einen warmen, trockenen Sommer, dann bekommen Weizen und Korn viel Stroh und wenig Körner. Das Unkraut wuchert. Ist aber der vorige Sommer feucht gewesen, gibt es wenig Stroh und viele und gute Körner. Allerdings haben Korn und Weizen ein gefährdetes Blütenwetter. Bleibt nur zu hoffen und zu beten, daß sie es gut überstehen.

Die Herbstsaat

Die erste und die letzte sind die beste. Die mittlere fressen die Schnecken weg. Die erste darf im Winter oder im Frühjahr von den Schafen abgehütet werden, die letzte aber nicht. Der großen und langwierigen Kälte im kommenden Winter wegen soll untergesät werden.

Das Obst

Es gerät in diesem Jahr unterschiedlich: In etlichen Orten wächst viel, in etlichen wächst mittelmäßig, in etlichen gar nichts. Kirschen, Weichseln (Sauerkirschen) und Zwetschgen gedeihen überall, Haselnüsse gibt es viel, Nüsse weniger. Man findet viel Eicheln und Bucheckern.

Der Hopfen

In Bayern fällt die Hopfenernte nicht übermäßig aus. Mancherorts wächst er zwar gut, bringt aber wenig Ertrag. In Böhmen gerät er entweder glänzend – oder gar nicht.

Der Weinbau

Im Merkur-Jahr gerät der Wein selten – nur etwa einmal in 50 oder 60 Jahren. Es war im Jahr 1599 und 1655 der Fall. Sonst ist er immer umgeschlagen (zu Essig geworden). Obgleich er sich im Frühling wohl anläßt, wird selten etwas Gutes daraus. Es wächst nur wenig und saurer Wein, wie im Jahre 1641 und 1662 und sonst immer geschehen. Wenn man sich nun noch nicht mit genügend Wein eingedeckt hat, so tue man es, ehe der Wein verblüht und man abschätzen kann, was in etwa werden wird. Nach der Blüte wird der Wein kräftig aufschlagen. Erfahrungsgemäß folgen dem weniger guten Merkur-Jahr noch das schlechte Mond-Jahr und das noch schlechtere Saturn-Jahr, zwei wahre Mißjahre. Nicht selten bleibt

Darstellung der ›Planeten‹
aus einem Planetenbuch aus dem Jahre 1553

auch das Jupiter-Jahr bescheiden. Das Merkur-Jahr verspricht nur dann eine gute Weinernte zu bringen, wenn es im Februar, März, April oder in den ersten beiden Maiwochen eine sichtbare Sonnenfinsternis gibt. Sonst nicht. Weil es im Dezember früh zuwintert, kann man sich mit dem Decken leicht danach richten.

Die Fische

Im Sommer gibt es in den Flüssen wenig Fische. Im Herbst mehren sie sich. Es gibt auch ziemlich Lachsforellen. Im Weiher wachsen sie nicht so recht.

Das Ungeziefer

Im Herbst nehmen die Mäuse überhand. Wo die Würmer nicht schon zuvor gewesen sind, wachsen in diesem Jahr keine im Getreide. Im Frühling gibt es viele Frösche, im Sommer wenig. Man findet Heuschrecken, Schlangen, Schmetterlinge, im Herbst viel Schnecken, die den Samen abfressen und Rüben und Kraut angehen.

Wind, Regengüsse, Ungewitter

In diesem Jahr herrscht der Ostwind vor, manchmal der Westwind, seltener der Nordwind. Bisweilen kommt es im Sommer zu einem Wolkenbruch, der die Wiesen mit Schlamm bedeckt. Doch sie bleiben selten. Auch hat dieses Jahr fast keine oder doch gar wenig Ungewitter. Diese finden sich meistens Ende des Sommers.

Krankheiten

Typisch im Merkur-Jahr: Krankheiten brauchen viel Zeit und lassen sich nur langsam kurieren. Sie entstehen meistens im Frühjahr und im ausgehenden Herbst.

Weil der Merkur ein Regent des Gehirns ist, der leiblichen Geister (des Nervensystems), des Gedächtnisses, der Vorstellungskraft, der Zunge, der Hände, der Finger, der Galle, der Gebeine, Schienbeine und der Nerven des Hirns, ergeben sich vornehmlich folgende Krankheiten:

Geistige Verwirrung, Ohnmachtsanfälle, Schlafsucht, Stottern, Heiserkeit, Epilepsie, Husten, übermäßiger Speichel, Gallenkoliken, Aufstoßen des Magens, Würgen und Brechen, Flüsse, die aus übermäßiger Feuchtigkeit im Kopf entstehen, und allerlei melancholische Krankheiten (Depressionen). Dazu kommt das Zipperlein (Rheuma).

Im Herbst bricht nahezu regelmäßig im Merkur-Jahr eine Seuche unter dem Vieh aus. Mancherorts sterben viele Rinder, andernorts bleibt sie weniger schlimm. Das Vieh ist aber sehr matt. Vor Hitze häutet sich ihm die Zunge. Im Winter sterben viele Schafe dahin.«

Das
MOND-JAHR
1999

Kalender des Mond-Jahres 1999

	Januar	Februar	März	April	Mai	Juni
1.	Fr	Mo	Mo	Do	Sa	Di
2.	Sa ○	Di	Di ○	Fr	**So**	Mi
3.	**So**	Mi	Mi	Sa	Mo	**Fronl.**
4.	Mo	Do	Do	**Ostern**	Di	Fr
5.	Di	Fr	Fr	**O.-Mo.**	Mi	Sa
6.	**3 König**	Sa	Sa	Di	Do	**So**
7.	Do	**So**	**So**	Mi	Fr	Mo
8.	Fr	Mo	Mo	Do	Sa	Di
9.	Sa	Di	Di	Fr	**So**	Mi
10.	**So**	Mi	Mi	Sa	Mo	Do
11.	Mo	Do	Do	**So**	Di	Fr
12.	Di	Fr	Fr	Mo	Mi	Sa
13.	Mi	Sa	Sa	Di	**Himmelf.**	**So** ●
14.	Do	**So**	**So**	Mi	Fr	Mo
15.	Fr	Mo	Mo	Do	Sa ●	Di
16.	Sa	Di ●	Di	Fr ●	**So**	Mi
17.	**So** ●	Mi	Mi ●	Sa	Mo	Do
18.	Mo	Do	Do	**So**	Di	Fr
19.	Di	Fr	Fr	Mo	Mi	Sa
20.	Mi	Sa	Sa	Di	Do	**So**
21.	Do	**So**	**So**	Mi	Fr	Mo
22.	Fr	Mo	Mo	Do	Sa	Di
23.	Sa	Di	Di	Fr	**Pfingsten**	Mi
24.	**So**	Mi	Mi	Sa	**Pf.-Mo.**	Do
25.	Mo	Do	Do	**So**	Di	Fr
26.	Di	Fr	Fr	Mo	Mi	Sa
27.	Mi	Sa	Sa	Di	Do	**So**
28.	Do	**So**	**So**	Mi	Fr	Mo ○
29.	Fr		Mo	Do	Sa	Di
30.	Sa		Di	Fr ○	**So** ○	Mi
31.	**So** ○		Mi ○		Mo	

	Juli	August	Sept.	Okt.	Nov.	Dez.
1.	Do	**So**	Mi	Fr	**Allerh.**	Mi
2.	Fr	Mo	Do	Sa	Di	Do
3.	Sa	Di	Fr	**So**	Mi	Fr
4.	**So**	Mi	Sa	Mo	Do	Sa
5.	Mo	Do	**So**	Di	Fr	**2. Advent**
6.	Di	Fr	Mo	Mi	Sa	Mo
7.	Mi	Sa	Di	Do	**So**	Di ●
8.	Do	**So**	Mi	Fr	Mo ●	Mi
9.	Fr	Mo	Do ●	Sa ●	Di	Do
10.	Sa	Di	Fr	**So**	Mi	Fr
11.	**So**	Mi ●	Sa	Mo	Do	Sa
12.	Mo	Do	**So**	Di	Fr	**3. Advent**
13.	Di ●	Fr	Mo	Mi	Sa	Mo
14.	Mi	Sa	Di	Do	**So**	Di
15.	Do	**So**	Mi	Fr	Mo	Mi
16.	Fr	Mo	Do	Sa	Di	Do
17.	Sa	Di	Fr	**So**	Mi	Fr
18.	**So**	Mi	Sa	Mo	Do	Sa
19.	Mo	Do	**So**	Di	Fr	**4. Advent**
20.	Di	Fr	Mo	Mi	Sa	Mo
21.	Mi	Sa	Di	Do	**So**	Di
22.	Do	**So**	Mi	Fr	Mo	Mi ○
23.	Fr	Mo	Do	Sa	Di ○	Do
24.	Sa	Di	Fr	**So** ○	Mi	Fr
25.	**So**	Mi	Sa ○	Mo	Do	**Weihnacht**
26.	Mo	Do ○	**So**	Di	Fr	**2. Weihn.**
27.	Di	Fr	Mo	Mi	Sa	Mo
28.	Mi ○	Sa	Di	Do	**1. Advent**	Di
29.	Do	**So**	Mi	Fr	Mo	Mi
30.	Fr	Mo	Do	Sa	Di	Do
31.	Sa	Di		**So**		Fr

Die Stunden des Neumondes und ihre Regenten

(Greenwichzeit)

Sonntag 17. Januar	15.47 Uhr (Sonne-Tag)	im Steinbock	= Merkur
Dienstag 16. Februar	06.39 Uhr (Mars-Tag)	im Wassermann	= Mars
Mittwoch 17. März	18.48 Uhr (Merkur-Tag)	in den Fischen	= Sonne
Freitag 16. April	04.22 Uhr (Venus-Tag)	im Widder	= Mars
Samstag 15. Mai	12.06 Uhr (Saturn-Tag)	im Stier	= Mond
Sonntag 3. Juni	19.03 Uhr (Sonne-Tag)	in Zwillingen	= Mars
Dienstag 13. Juli	02.25 Uhr (Mars-Tag)	im Krebs	= Merkur
Mittwoch 11. August	11.09 Uhr (Merkur-Tag)	im Löwen	= Sonne
Donnerstag 9. September	22.03 Uhr (Jupiter-Tag)	in der Jungfrau	= Sonne
Samstag 9. Oktober	11.35 Uhr (Saturn-Tag)	in der Waage	= Merkur
Montag 8. November	03.54 Uhr (Mond-Tag)	im Skorpion	= Sonne
Dienstag 7. Dezember	22.32 Uhr (Mars-Tag)	im Schützen	= Venus

Beachten Sie bitte, daß alle Stunden vor 6 Uhr – Sonnenaufgang – den Regenten des Vortages haben.

Die sieben Planeten und ihre Kinder.
Holzschnittserie von Hans Sebald Beham um 1530

Das Jahr des Mondes
(1999, 2006, 2013)

»Der Mond ist von angenehmer Farbe, ungleich dick, eine Zierde der Nacht, eine Mutter des Taus und ein Geber der Feuchtigkeit, ein weibischer Planet. Er ist der unterste Planet und vollendet seinen Lauf alle 28 Tage, 7 Stunden, 43 Minuten. Er wird unter die ›fortunas‹, die Glücksbringer, gezählt. Er ist kalt und feucht, doch etwas wenig warm dabei. Er macht die Menschen unbeständig, aber arbeitsam. Mond-Naturen sind Seeleute. Er ist der Beschützer der einfachen Leute, die gerne reisen und im Leben sich oft und gern verändern. Unter seinem Schutz stehen Königin, Witwen, Mütter, Ehefrauen und das gemeine Volk. Und alle, die ständig unterwegs sind, wie Boten, Postreiter, Gesandte, Landstreicher, Fischer, Verzagte. Er beherrscht alles, was viel Feuchtigkeit besitzt, also die Meere und Wasserflüsse.

Im Körper sind ihm zugeordnet das Gehirn, das linke Auge der Männer und das rechte der Frauen, Magen, Bauch, die linke Seite, das Gedärm, die Blase, der Geschmack, die Geburtsorgane, die Leber der Frauen.

1999
MOND-JAHR

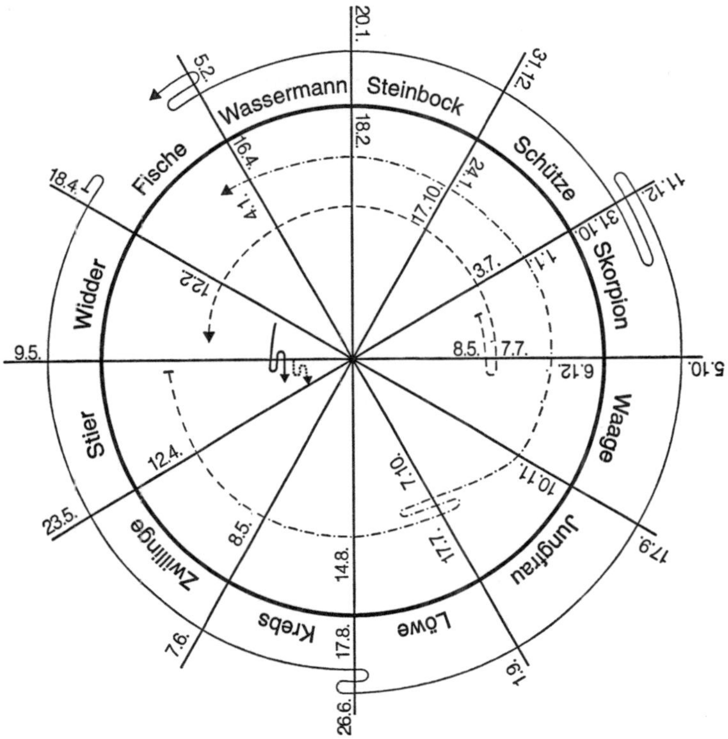

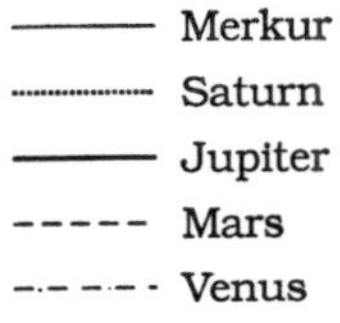

Das Wetter im Mond-Jahr

Das lunarische Jahr
ist insgesamt mehr feucht als trocken
auch mehr kalt als warm,
obwohl der Sommer sehr warm sein kann,
öfter aber kalt bleibt.

Frühling

Der Frühling ist sehr feucht und daneben warm, doch mit unterlaufendem Frost. Der ganze März bleibt kalt. Der April ist bis gegen den 14. mit viel Regen ausgestattet, wobei zwei, drei schöne Tage unterkommen können. In der zweiten Monatshälfte gibt es zunächst etliche rauhe und kalte Tage, danach wird es schön. Gegen Monatsende regnet es wieder.

Zu beachten ist: Wenn um diese Zeit wenig Regen fällt, kommt er im Juni oder Juli um so heftiger.

Der Mai ist von Anfang bis gegen den 16. sehr schön. Es wird sehr heiß, doch wird es gelegentlich auch regnen. Nach dem 16. wird es sehr kalt. Es kann hageln, Reif und sogar Eis geben. Und das bis gegen den 25. Danach folgt kalter Regen. Der Juni ist sehr fein, gelegentlich regnet es aber auch.

Sommer

Der Sommer ist bisweilen in kurzen, späten Zeitabschnitten sehr warm. Öfter aber bleibt er bis nach Bartholomäus (24. August) kalt und naß. Und ähnlich fängt auch der September an. Zwischen dem 7. und 14. gibt es bereits starken Frost und Reif. Sonst ist der September bald feucht, bald schön und warm.

Zu beachten gilt: Wenn im vorletzten Jahr (Venus-Jahr) der Sommer trocken war, wird dieser sehr feucht, und es regnet täglich bis Ende August. Ist jener Sommer aber feucht gewesen, wird dieser für sechs oder sieben Wochen schön. Dies gilt besonders, wenn im Frühjahr eine Sonnenfinsternis zu sehen war.

Herbst

Der Herbst ist kalt, anfänglich auch feucht und unbeständig. Um den 14. Oktober wird es sehr kalt, und es gefriert beständig, während es regnet oder schneit. Der November fängt an mit starkem Regen. Danach gefriert es. In der zweiten Monatshälfte wird das Wetter mild. Gegen Monatsende wintert es recht zu.

Winter

Der Winter ist anfangs mittelmäßig kalt, danach sehr feucht und regnerisch. Der Dezember bringt bald Schnee. Doch dann gibt es schwere Güsse. Nach dem 20. wird es ziemlich kalt, doch es bleibt trüb bis gegen den 12. Januar. Danach wird es vorübergehend mild, es folgt aber bald wieder Kälte, die bis zum 25. andauert. Dann wird es wieder stark regnen. Die Kälte zieht erneut an. Anfang Februar fallen wieder heftige Wassergüsse, dann wechseln starke Schneefälle mit heftigem Regen. Vom 17. an beginnt mildes Wetter mit schönen warmen Tagen. Der März ist anfänglich rauh und kalt, danach jedoch sehr warm. Es gibt dann aber doch wieder viele kalte und rauhe und sehr helle Tage. In diesem Winter sterben die Schafe und auch die Bienen.

Partikular-Witterung des Mondes

März Der 20. hat mit rauhem Wetter und Sturmwinden angefangen. Das dauerte bis zum 29. Der 30. brachte Regen.

April Vom 1. bis zum 9. war es windig, trüb und regnerisch. 10., 11.: schöne und warme Tage. 12. und 13: starker Regen. 14. bis 20.: ziemlich rauh und kalt. 21. bis 25.: schönes Wetter, doch etwas windig. 26. bis zum Monatsende: Regen.

Mai Fängt mit herrlich schöner und warmer Zeit an. Bis zum 9. brennt sehr große Hitze wie in den Hundstagen. 10. bis 13.: Regen. 14. und 15.: schöne und warme Tage. 16.: Regen, danach wird es kalt. 23.: Es hat dreimal gehagelt und war sehr kalt. 24.: Reif und Eis. 25. bis 27.: starker Regen. 28. und 29.: rauh und kalt. 30. und 31.: wieder schön warm.

Juni Fängt mit herrlich schönem Wetter an. Das dauert bis zum 4. Am 5. herrscht dichter Nebel, am 6. starker Regen. Danach wird es schön warm. Das Wetter ist nur zweimal mit etwas Regen vermischt. 27., 28., 29.: Regen. 30.: sehr kalte Nacht.

Juli Es geht am 1. mit Nebel los. Vom 2. bis 5. herrscht unbeständiges Wetter mit Regen. Vom 7. bis 13. ist es windig und kühl, bewölkt mit Sonnenschein. 14.: großer Platzregen, danach ziemlich schwül, schönes und warmes Wetter bis zum 31. An diesem Tag hat es zwei Stunden lang geregnet.

August Bis zum 8. ist es schön und sehr warm. 9., 10., 11.: trüb und Regen. 12. bis 20.: große unleidliche Hitze. 22. bis 26.: Regenwetter. 27. bis Monatsende: schön und heiß.

September Schön und warm bis zum 6. Am 7. gab es in der Frühe einen so starken Reif, daß das Gras gefroren ist. Das wiederholte sich bis zum 13. An diesem Tag gab es erstes Eis. Am 14. hat es stark geregnet. Am 15. und 16. war es schön. Am 17. hat es den ganzen Tag geregnet. Danach war es wieder schön bis zum 21., nachfolgend trüb bis zum Monatsende.

Oktober Unbeständig bis zum 13. Vom 14. bis zum 22. war es sehr kalt mit Temperaturen, die durchgehend unter dem Gefrierpunkt lagen. Am 23. und 24. hat es leicht geregnet, und es war etwas gefroren. 26., 27., 28.: Regen und Schnee. 29. und 30.: kalt und gefroren. 31.: Regen.

Eine zeitgenössische Darstellung, wie sehr die Landwirte dem Wetter ausgeliefert waren

November 1. bis 5.: starker Regen. 6. bis 20.: kalt. Am 12. bildete sich morgens Glatteis und abends Nebel. 21. bis 28.: milder. 29.: Frost, es wintert richtig zu.

Dezember Am 1. ist es kalt, am 3. fällt Schnee. Vom 4. bis 10. fällt pausenlos starker Regen. Auch am 11. und 12. hat es Tag und Nacht stark geregnet. Zwischen dem 13. und 19. ist es trüb ohne Regen und warm. Am 20. fällt ziemlich Schnee. Vom 21. bis zum Monatsende ist es ziemlich kalt und mehr trüb als hell.

Januar Das bisherige Wetter setzt sich fort bis zum 11. Vom 12. bis zum 18. ist es trüb, mild, weich. Am 19. ist es hart gefroren, danach wird es hell und kalt. Das dauert bis zum 24. Am 25. fängt es an zu regnen. Es taut. Am 27. und 28. fällt starker Regen. Danach ist es bis Monatsende bei leidlicher Kälte still.

Februar Am 1. herrscht ein starker Wind, am 2. und 3. fällt Regen. Vom 4. bis zum 10. bleibt es trüb und mild. Bisweilen nieselt es. 12. und 13.: grausamer Wind. 14.: starke Schneefälle. 15. und 16.: Wind und Regen fressen den Schnee auf. 17. bis 19.: trüb, warm. Wind, Regen. 20. und 21.: zwei schöne Fastentage. 22. und 23.: etwas rauh und windig. 24.: schöne Tage bis zum Monatsende.

März Vom 1. bis 5.: rauh, windig und ziemlich kalt. Am 6. wird es nachmittags warm wie im Sommer. Das dauert an bis zum 9. und 10. Dann fällt ein kalter Regen. 11. bis 16.: schöne Tage mit etwas Wind. 17. bis 24.: Morgens ist stets gefroren. Die Tage sind hell und rauh.«

Das Wetter speziell im Mond-Jahr 1999

nach den Regeln
des Abtes Mauritius Knauer berechnet

Saturn macht sich über dem 22. April auf den Weg durch das Sternzeichen Stier. Er kommt voran bis zum 7. Mai, kehrt zurück bis zum 1. Mai und steht am Ende des Mond-Jahres über dem 5. Mai. Das wird kein gutes Jahr. Wir müssen mit sehr schlechtem Wetter vor allem im Frühling und im Sommer rechnen.

Jupiter hat wieder einmal Saturn fast eingeholt und setzt zur Überrundung an. Sie wird in diesem Jahr allerdings noch nicht gelingen. Jupiter startet im Widder über dem 29. März und wandert ohne Aufenthalt durch das ganze Sternzeichen hindurch. Er erreicht den Stier am 28. Juni und kommt voran bis zum 25. April. Dann kehrt er zurück in den Widder und gelangt dort bis zum 15. April. Am 14. Februar. ist er wieder im Stier. Am Ende steht er über dem 28. April.

Mars beginnt seinen Lauf im Rückwärtsgang im Sternzeichen Skorpion. Vom 5. November kehrt er zurück in das Sternzeichen Waage, das er am 6. April erreicht. Über dem 18. Oktober wendet er und ist fortan nicht mehr aufzuhalten. Am 7. 7. kommt er endlich wieder zum Skorpion, am 3. 9. zum Schützen, am 17. 10. zum Steinbock, am 26. 11. zum Wassermann, am 4. 11. zu den Fischen, am 12. 2. zum Widder. Am Ende steht er über dem 14. 4. Eine knappe Strecke, wobei die ersten vier Monate besonders schwierig werden.

Venus startet zusammen mit Saturn im Sternzeichen Widder über dem 24. April. Zuerst wandert sie munter voran: Zwillinge am 12. 4., Krebs am 8. 5., Löwe am 6. 6., Jungfrau am 13. 7. Dort kommt sie bis zum 29. 8. Dann ist ihr Lauf erst einmal abgebremst. Sie kehrt zurück in den Löwen bis zum 10. August. Erst am 7. Oktober erreicht sie erneut die Jungfrau. Dann geht es wieder zügig weiter: 10. 11. Waage, 6. 12. Skorpion, 1. 1. Schütze, 24. 1. Steinbock, 18. 2. Wassermann, 15. 3. Fische. Am Ende steht sie über dem 29. 3.

Merkur wandert zunächst ebenfalls rückwärts, vom 18. März bis zum 11. März. Am 18. 4. erreicht er den Widder, am 9. 5. den Stier, am 23. 5. die Zwillinge, am 7. 6. den Krebs, am 26. 6. den Löwen. Über dem 31. Juli legt er wieder den Rückwärtsgang ein, kehrt kurz in den Krebs zurück und ist am 12. 8. erneut im Löwen, am 1. 9. in der Jungfrau, am 17. 9. in der Waage, am 5. 10. im Skorpion, am 31. 10. im Schützen. Nach einem kurzen Abstecher zurück in den Skorpion ist er am 11. 12. wieder im Schützen, am 31. 12. im Steinbock, am 20. 1. im Wassermann, am 5. 2. in den Fischen. Über dem 8. März erfolgt die erneute Kehrtwende. Am Ende steht Merkur über dem 24. Februar.

Aufgrund dieser Planetenläufe wird das Wetter im Mond-Jahr 1999 folgendermaßen aussehen:

März Sehr regnerische, trübe Tage bis zum Monatsende. Es dürfte kaum Aufhellungen geben. Besonders heftige Regentage um den 30.

April Recht schöne, angenehme Tage bis zum 6. Danach recht naßkalt und neblig-trüb bis zum 16. Nach kurzer Auflockerung folgen wieder sehr regnerische und kalte Tage; diese Wetterlage wird bis zum 27. andauern und sich weiterhin verschlechtern. Danach wird das Wetter etwas besser, aber keinesfalls schön.

Mai Das zunächst recht schöne Wetter ist um den 7. schon wieder vorbei. Mit heftigen Gewittern und Stürmen beginnt eine Schlechtwetterphase. Kalte Eisheilige zwischen dem 11. und 14. Um den 16. setzt sich dann schöneres Wetter durch, das am 20. aber schon wieder vorbei ist. Es folgen erneut sehr kalte, regnerische Tage mit heftigen Stürmen, die bis zum Monatsende anhalten.

Juni Der Monat beginnt recht schön und warm. Und er bleibt es auch. Es gibt nur einige Regentage, die allerdings sehr heftige Formen annehmen können: am 10., 19., 23. Die letzten Tage des Monats sind sehr wechselhaft, aber nicht unbedingt schlecht.

Juli Bis zum 13. dürften wir recht warmes, schönes und auch trockenes Wetter erwarten. Danach wird es zunehmend schlechter. Es kann recht kühl und regnerisch werden. Kaum einmal ein wolkenfreier Tag. Das dauert bis zum 28. Danach wird es etwas trockener, ohne daß es richtig warm oder gar heiß wäre.

August Sehr schönes, warmes, wohl auch heißes Wetter bis zum 7. Dann folgen drei sehr schlechte Tage mit Gewittern, Stürmen und Kälte. Sie dauern bis zum 11. Am 10. ist totale Sonnenfinsternis. Danach folgen erträgliche, wenngleich nicht unbedingt heiße Tage. Die schönsten Sommertage finden sich um den 28. Doch bereits am 31. folgt erneut ein Schlechtwettereinbruch.

September Das wird ein recht schöner, nahezu ungestörter Monat. Es dürfte noch einmal recht warm werden, zumindest bis zum 15. An diesem Tag wird es kälter – Frost setzt ein, was zu zahlreichen Unfällen führen kann. Danach hellt es aber rasch wieder auf. Wir dürfen einen recht erfreulichen Herbst erwarten.

Oktober Die schlechtesten Tage in diesem Monat werden zwischen dem 14. und 18 liegen. Es kann sehr starke Herbststürme, bissige kalte Winde geben. Die Tage davor und danach sind aber durchaus erträglich, wenn nicht sogar schön, wenn man von gelegentlichen Regengüssen absieht, die aber immer nur kurz dauern.

November Schön bis zum 4., dann bissige Kälte, Schnee und Eis bis zum 7. Vom 10. bis 22. wechselhaftes, aber nicht unbedingt schlechtes Wetter. Um den 25. herum starke Niederschläge, zunächst Schnee, dann eher Regen. Es bleibt recht trüb bis zum Monatsende.

Dezember Ein kalter und trüber Monat. Katastrophentag am 2. mit nachfolgendem Regen. Um den 10. setzt bissige Kälte ein. Der 13. ist sehr schön, der 14. stürmisch. Ab dem 15. ist es wieder sehr kalt und naß. Es kann zu heftigen Schneefällen kommen. Bis Weihnachten folgen recht heitere Tage, dann wird das Wetter aber wieder sehr schlecht. Es bleibt so bis zum Monatsende.

Januar Das wird ein Monat mit viel Schnee und großer Kälte. Heftige Winterstürme am 9. und am 19., starke Schneefälle um den 24. Sehr kalte windige Tage zwischen dem 28. und 31. beschließen einen recht harten Wintermonat.

Februar Bis zum 12. noch kalt und viele Niederschläge, teils Regen, teils Schnee. Dann wird es deutlich trockener, das Wetter besser. Nur am 22. kann es noch einmal heftig schneien; der Schnee bleibt aber nicht liegen. Der 28. wird noch einmal recht kalt.

März Die ersten Tage bis zum 7. sind noch recht bedrückend. Windig, kalt, regnerisch. Danach ist die Kraft des Winters aber gebrochen. Es folgen recht angenehme, mitunter auch schon recht warme Tage mit einem schönen Vorfrühling.

Hinweise für Garten, Landwirtschaft und Gesundheit

Und wieder die Anmerkungen und Ratschläge von Abt Mauritius Knauer

Die Sommersaat

»Da dieses Jahr einen späten, hitzigen Sommer hat, braucht man sich mit der Sommerfrucht nicht zu übereilen. Es gilt jedoch aufzupassen, daß man andrerseits auch nicht zu spät dran ist.

Die Gerste und der Hafer geraten mindestens mittelmäßig. Dasselbe gilt für Linsen, Erbsen und Hirse. Letztere gerät im leichten Boden sogar besonders gut. Sie darf nur nicht zu früh und nicht zu spät gesät werden.

Kraut, Wirsing und Kohl fressen die Raben, die es im Mond-Jahr besonders zahlreich gibt. Sie fallen auch die weißen Rüben an, die ohnedies nicht gut wachsen.

Das gilt also alles, wenn im späten Sommer eine kurze, aber große Hitze gegeben ist.

Bleibt der Sommer naß und kalt bis in den Herbst hinein, gibt es viel Gerste. Die Wicken faulen ab und werden nicht reif. Hanf und Flachs geraten schlecht und sind praktisch wertlos. Heu gibt es genug, aber wenig Grummet (zweite Heuernte, Öhmd). Man tut gut daran, sich ausreichend mit Heu einzudecken, denn im nachfolgenden Jahr wird es wenig Heu geben, bisweilen auch wenig Sommerstroh.

Und wenn auch viel Sommerbau wächst, so ist doch solches nicht zu genießen wegen der viel zu großen Nässe im August.

Wenn nun der ganze Sommer naß und kalt gewesen ist, wächst im nachfolgenden Jahr wenig Heu, Sommer- und Winterbau. Deshalb muß man einen guten Vorrat an Heu und Stroh anlegen.

Darstellung der ›Planeten‹
aus einem Planetenbuch aus dem Jahre 1553

Der Winterbau

Die Frucht, vor allem das Korn, das im Herbst zeitig gesät wurde und merklich gewachsen ist, muß von Schafen abgeweidet werden, sonst wird sie zu fett, das heißt: sie schießt zu sehr ins Kraut. Wenn das geschieht, gibt es nämlich nur viel Stroh und wenig Körner.

Deshalb die Regel: Wenn der Weizen im Mai schön ist und zügig heranwächst, wird in diesem Jahr nichts aus der Ernte. Denn er wird zu fett, lauter Unkraut. Und er legt sich an den Boden. Dann gibt das Schock (60 Garben) zwei bis drei Metzen (30 bis 50 Pfund).

Die Herbstsaat

Im Herbst soll man säen, so zeitig es sein kann. Es wird trotzdem wenig genug davon aufgehen. Im kalten Winter wächst es gar wenig, der Winter kommt zu zeitig darauf. Man lasse keine Schafe darauf gehen, sonst bleibt wenig oder gar nichts. Man muß alle Samen, so weit es sich machen läßt, untersäen, sonst wird er im Winter durch die vielen Regengüsse weggeschwemmt. Wenn der Winterbau nicht zeitig gesät wird, ist er im folgenden Jahr nicht gut einzubringen, da Anfang August der beständige Dauerregen einsetzt.

Das Obst

Äpfel und Zwetschgen gibt es an etlichen Orten im Überfluß, an anderen weniger, doch überall wenigstens etwas.

Schlecht fällt die Birnen-Ernte aus.

Kirschen gibt es genug, Sauerkirschen (Weichseln) wenig. Die Nuß-Ernte wird gut, die Haselnuß-Ernte schlecht. Es gibt kaum Eicheln, aber viele Bucheckern (auch das nicht immer).

Der Hopfen

Er gerät mittelmäßig. Gewöhnlich leidet er schon im Frühjahr Schaden durch den Wildtau und durch die Kiesel. Beide zeigen sich im Frühling mehr als im Sommer. Sollen Wildtau und Kieseln am Hopfen keinen Schaden anrichten, muß man die ersten Reben, wenn sie schon fast ellenlang sind, ausnahmslos wegschneiden. Dann wachsen nämlich andere zu einem günstigeren Zeitpunkt nach. Und dieser Hopfen wird von besserer Qualität sein als die Ernte von den ursprünglichen Reben. Im Saturn-Jahr und im Mars-Jahr wird der Hopfen ebenfalls schlecht ausfallen. Aber dann sind Wildtau und Kieseln weniger schuld.

Der Weinbau

Wein gibt es in diesem Jahr nicht viel – im besten Fall, aber das ist sehr selten – ein halber Herbst. Der Qualität nach bleibt es ein gewöhnlicher Speisewein, ziemlich sauer.

Im Jahre 1656 ist im Mond-Jahr noch ein ziemlich feiner Trunk gewachsen, aber das war eine Ausnahme. Mir ist kein anderer Fall bekannt. Selbstverständlich kann man sich nicht nur auf einen 7-Jahres-Zyklus berufen, wie in meinem Fall der von mir beobachtete Zyklus, der 1650 begann und 1656 endete. Denn in keiner geschichtlichen Aufzeichnung findet sich ein Hinweis darauf, daß der Wein in 7 Jahren fünfmal geriet, wie das in meinen 7 Jahren der Fall war. Gerät der Wein in einem 7-Jahres-Zyklus zweimal, so daß man uneingeschränkt von einem guten Wein sprechen kann, muß man zufrieden sein.

Im Herbst des Mond-Jahres soll man zeitig die Weinlese beginnen, denn es wäre sinnlos, auf ein gutes Wetter zu hoffen. Die Weinberge müssen auch zeitig gedeckt werden. Mitte Oktober sollte die Arbeit abgeschlossen sein,

Theologie und Astrologie aus dem 15. Jahrhundert

denn danach geht nichts mehr. Wer mit dem Zudecken bis in den Dezember warten will, der soll es ruhig riskieren.

Das Ungeziefer

Das Mond-Jahr hat nicht viel Frösche, Kröten, Schlangen, Heuschrecken, aber ungewöhnlich viele Schmetterlinge, Ratten, Würmer im Getreide und Mäuse vom Sommer bis in den Winter. Sie fügen dem Getreide großen Schaden zu.

Die Fische

In Bächen und Flüssen gibt es übergenug Fische, große Mengen Lachsforellen.

Wind, Regengüsse und Ungewitter

Im Winter muß man mit starken Winden und ungewöhnlichen Regengüssen rechnen. Im Frühling und Sommer gibt es nicht viele schwere Ungewitter, doch etliche, die dem Getreide keinen großen Schaden zufügen.

Krankheiten

Im Herbst grassieren hitzige, mitunter sogar tödliche Fieber, das ganze Jahr hindurch epileptische Erkrankungen, Fieberkrämpfe, Gicht, Grimmen, Katarrhe, Weiberfluß, Milzsucht, Wassersucht, phlegmatische Erkrankungen (Depressionen, innere Verschmutzungen, Verschlackungen), Leiden durch Verstopfungen der Adern. Besonders aber Rotlauf, Seitenstechen, unerträgliches Reißen in den Lenden. Schafe und Bienen sterben in diesem Winter sehr dahin.«

Das
SATURN-JAHR
2000

Kalender des Saturn-Jahres 2000

	Januar	Februar	März	April	Mai	Juni
1.	Sa	Di	Mi	Sa	Mo	**Himmelf.**
2.	**So**	Mi	Do	**So**	Di	Fr ●
3.	Mo	Do	Fr	Mo	Mi	Sa
4.	Di	Fr	Sa	Di ●	Do ●	**So**
5.	Mi	Sa ●	**So**	Mi	Fr	Mo
6.	**3 Kön.** ●	**So**	Mo ●	Do	Sa	Di
7.	Fr	Mo	Di	Fr	**So**	Mi
8.	Sa	Di	Mi	Sa	Mo	Do
9.	**So**	Mi	Do	**So**	Di	Fr
10.	Mo	Do	Fr	Mo	Mi	Sa
11.	Di	Fr	Sa	Di	Do	**Pfingsten**
12.	Mi	Sa	**So**	Mi	Fr	**Pf.-Mo.**
13.	Do	**So**	Mo	Do	Sa	Di
14.	Fr	Mo	Di	Fr	**So**	Mi
15.	Sa	Di	Mi	Sa	Mo	Do
16.	**So**	Mi	Do	**So**	Di	Fr ○
17.	Mo	Do	Fr	Mo	Mi	Sa
18.	Di	Fr	Sa	Di ○	Do ○	**So**
19.	Mi	Sa ○	**So**	Mi	Fr	Mo
20.	Do	**So**	Mo ○	Do	Sa	Di
21.	Fr ○	Mo	Di	Fr	**So**	Mi
22.	Sa	Di	Mi	Sa	Mo	**Fronl.**
23.	**So**	Mi	Do	**Ostern**	Di	Fr
24.	Mo	Do	Fr	**O.-Mo.**	Mi	Sa
25.	Di	Fr	Sa	Di	Do	**So**
26.	Mi	Sa	**So**	Mi	Fr	Mo
27.	Do	**So**	Mo	Do	Sa	Di
28.	Fr	Mo	Di	Fr	**So**	Mi
29.	Sa	Di	Mi	Sa	Mo	Do
30.	**So**		Do	**So**	Di	Fr
31.	Mo		Fr		Mi	

	Juli	August	Sept.	Okt.	Nov.	Dez.
1.	Sa ●	Di	Fr	**So**	**Allerh.**	Fr
2.	**So**	Mi	Sa	Mo	Do	Sa
3.	Mo	Do	**So**	Di	Fr	**1. Advent**
4.	Di	Fr	Mo	Mi	Sa	Mo
5.	Mi	Sa	Di	Do	**So**	Di
6.	Do	**So**	Mi	Fr	Mo	Mi
7.	Fr	Mo	Do	Sa	Di	Do
8.	Sa	Di	Fr	**So**	Mi	Fr
9.	**So**	Mi	Sa	Mo	Do	Sa
10.	Mo	Do	**So**	Di	Fr	**2. Advent**
11.	Di	Fr	Mo	Mi	Sa ○	Mo ○
12.	Mi	Sa	Di	Do	**So**	Di
13.	Do	**So**	Mi ○	Fr ○	Mo	Mi
14.	Fr	Mo	Do	Sa	Di	Do
15.	Sa	Di ○	Fr	**So**	Mi	Fr
16.	**So** ○	Mi	Sa	Mo	Do	Sa
17.	Mo	Do	**So**	Di	Fr	**3. Advent**
18.	Di	Fr	Mo	Mi	Sa	Mo
19.	Mi	Sa	Di	Do	**So**	Di
20.	Do	**So**	Mi	Fr	Mo	Mi
21.	Fr	Mo	Do	Sa	Di	Do
22.	Sa	Di	Fr	**So**	Mi	Fr
23.	**So**	Mi	Sa	Mo	Do	Sa
24.	Mo	Do	**So**	Di	Fr	**4. Advent**
25.	Di	Fr	Mo	Mi	Sa ●	**Weihn.** ●
26.	Mi	Sa	Di	Do	**So**	**2. Weihn.**
27.	Do	**So**	Mi ●	Fr ●	Mo	Mi
28.	Fr	Mo	Do	Sa	Di	Do
29.	Sa	Di ●	Fr	**So**	Mi	Fr
30.	**So**	Mi	Sa	Mo	Do	Sa
31.	Mo ●	Do		Di		**So**

Die Stunden des Neumondes und ihre Regenten

(Greenwichzeit)

Donnerstag 6. Januar	18.14 Uhr (Jupiter-Tag)	im Steinbock	= Mond
Samstag 5. Februar	13.04 Uhr (Saturn-Tag)	im Wassermann	= Saturn
Montag 6. März	05.17 Uhr (Mond-Tag)	in den Fischen	= Merkur
Dienstag 4. April	18.13 Uhr (Mars-Tag)	im Widder	= Saturn
Donnerstag 4. Mai	04.13 Uhr (Jupiter-Tag)	im Stier	= Mond
Freitag 2. Juni	12.15 Uhr (Venus-Tag)	in Zwillingen	= Sonne
Samstag 1. Juli	19.20 Uhr (Saturn-Tag)	im Krebs	= Mond
Montag 31. Juli	02.26 Uhr (Mond-Tag)	im Löwen	= Mars
Dienstag 29. August	10.20 Uhr (Mars-Tag)	in der Jungfrau	= Mond
Mittwoch 27. September	19.54 Uhr (Merkur-Tag)	in der Waage	= Venus
Freitag 27. Oktober	07.59 Uhr (Venus-Tag)	im Skorpion	= Merkur
Samstag 25. November	23.12 Uhr (Saturn-Tag)	im Schützen	= Sonne
Montag 25. Dezember	17.22 Uhr (Mond-Tag)	im Steinbock	= Sonne

Beachten Sie bitte, daß alle Stunden vor 6 Uhr – Sonnenaufgang – den Regenten des Vortages haben.

Die sieben Planeten und ihre Kinder.
Holzschnittserie von Hans Sebald Beham um 1530

Das Jahr des Saturn

(2000, 2007, 2014)

»Saturn ist unter den Planeten der erste und höchste Wandelstern, an Farbe braun und bleich, von dunklem Licht. Weil er von der Sonne am weitesten entfernt ist, sieht man ihn von allen Planeten am schlechtesten. Er vollendet seinen Lauf alle 30 Jahre nur einmal. Das heißt: Er braucht 30 Jahre, bis er durch alle Tierkreiszeichen gewandert ist.

Saturn ist von kalter Natur und ziemlich trocken, ja so kalt, daß viele schreiben: Stünde er so nahe bei der Erde wie der Mond, dann würde auf der Erde ständiger Winter herrschen. Es gäbe niemals einen Sommer.

Saturn gilt als männlicher, melancholischer, irdischer und böser Planet. Er ist für die menschliche Natur feindlich. Weil seine Auswirkungen so nachdrücklich sind und wegen seiner langsamen Bewegungen so lange andauern, nennt man ihn ›infortuna major‹, das große Unglück.

Saturn ist der Stern der alten Leute, der Väter, der Ahnherren, der Bauern, Bettler, Juden, Bergleute, Kürschner, Häfner und aller Menschen, die sich tiefsinnigen Gedanken hingeben.

Die Leute, die unter seiner Regentschaft – also in einem Saturn-Jahr oder im Tierkreiszeichen Steinbock – geboren sind, macht er schwarz, braun, bleich, erdfarben. Sie senken verlegen den Blick, sind von magerer Statur, etwas krumm, vielleicht sogar bucklig. Sie haben kleine Augen, einen dünnen Bart, sind verzagt und schreckhaft, einsilbig, abergläubisch, geizig, oft traurig, einsam, arm, arbeitsam, mißachtet, in besonderen Fällen sogar betrügerisch, unglücklich, nachstellig, gefräßig.

Saturn bringt mit sich Gefängnis, lange Leiden und heimliche Feinde. Vom Körper sind ihm das rechte Ohr, die Milz, die Blase, die Beine und die Zähne unterstellt.

2000
SATURN-JAHR

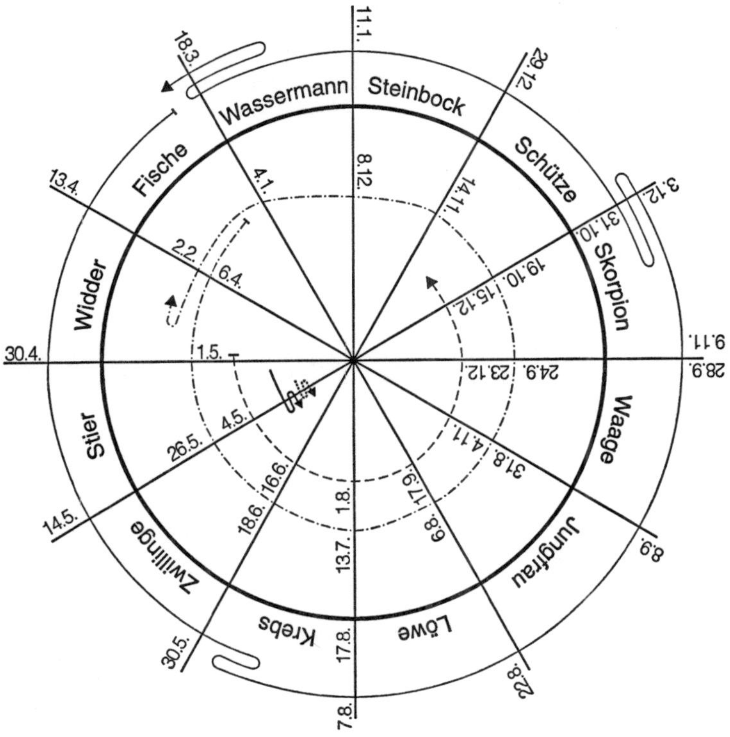

Merkur
Saturn
Jupiter
Mars
Venus

Das Wetter im Saturn-Jahr

Das Jahr des Saturn ist kalt und feucht.
Obwohl es in manchen Monaten
ziemlich trocken sein mag,
ist doch vor allem die wichtigste Zeit des Jahres,
der August und der Herbst,
total verregnet, weshalb man mit Recht von einem
kalten, ungeschlachten Jahr sprechen kann.

Frühling

Er ist sehr trocken und bis in den Mai hinein sehr kalt. Wenn auch der April sich anfänglich etwas zur Wärme anläßt, fällt doch bald wieder Kälte ein bis in den Mai. Die Maitage sind schön, die Nächte kalt, weshalb eine gewisse Dürre entsteht. Bisweilen gibt es allenfalls einen einzigen Wetterregen. Dafür um so mehr schädlichen Reif. Anfang Juni zeigt sich ein ziemlich angenehmes und warmes Wetter, mit Regen vermischt. Gras und Blumen kommen in diesem Jahr spät.

Sommer

Er ist meistenteils kalt, der August regelmäßig über Wochen hinweg mit Dauerregen belastet und daher unfruchtbar. Doch ist der Heumonat (Juli) über die Hälfte sehr schön und sehr warm, im übrigen aber feucht. Sturmwinde und Platzregen gibt es vor allem dann, wenn der vorhergehende Mond-Sommer warm gewesen ist. Das Getreide muß mit großer Vorsicht eingebracht werden. Man darf es sich nicht leisten, einen Feiertag zu schonen.

Herbst

Er ist ebenfalls sehr kalt und feucht. Es gefriert zeitig, doch es folgt bald wieder großes Regenwetter. Wenn die erste Hälfte des Oktobers vorbei ist, fängt große Kälte an. Doch im November wird es noch einmal warm und regnerisch.

Winter

Anfänglich ist er feucht mit Regen und großen Güssen. Gegen den 20. Dezember wintert es zu – mit viel Schnee und Kälte. Das geht so weiter bis in den April hinein. Man muß sich deshalb mit reichlich Futter für die Schafe versehen. Denn in diesem Jahr können sie nicht ausgetrieben werden. Ebenso soll man sich mit Holz (Heizmaterial) eindecken, solches zeitig beischaffen lassen.

Partikular-Wetter im Saturn-Jahr

März Ist vom 21. bis zum Ende rauh, gefroren und täglich kälter. Am 29. und 30. fällt Schnee, und es ist kalt.

April Es ist bis zum 3. sehr kalt. Der 4. ist ein schöner, warmer Tag. Vom 5. bis 8. ist es trüb mit Regen. Zwischen dem 9. und 16. ist es wieder sehr kalt, hell und windig. Am 17. regnet es heftig. Der 18., 19., 20. sind sehr rauh und kalt. Am 21. wird es warm und schwül. Am 22., 23., 24. ist es trüb und warm. Es regnet und die Sonne scheint. Am 25., 26., 27. ist es schön und schwül. Am 28. regnet es. Danach ist es schön warm.

Mai Donner und Regen am 1. Am 2. ist es morgens sehr kalt, sonst schön. Am 3.: Donner und Platzregen. Am 4. ist das Wetter unstet, kühl, am 5. hat es morgens großen Reif. Der Tag ist hell und kühl. Vom 6. bis zum 25. dauert Schönwetter an. Nachts ist es kühl, am Tag sehr warm. Große Dürre. Der 26. ist rauh, der 27., 28., 29. trüb mit

Regen. Am 30. gibt es starken, schädlichen Reif. Der 31. ist sehr windig. Abends fällt Regen.

Juni Vom 1. bis 3. ist es sehr rauh und kalt. Am 4., 5. fällt kalter Regen. Am 6., 7., 8. regnet es warm, und die Sonne scheint. Der 9. und 10. sind sehr schön. Zwischen dem 11. und 15. ist es recht schwül. Gelegentlich regnet es. Gewitter am Donnerstag, ebenfalls am 18. Am 19. und 20. ist es schön warm, feucht. Gelegentlich scheint die Sonne. Vom 21. bis 25. fällt Regen. Am 26. und 27. herrliches Wetter. Der 29. ist prächtig, der 30. trüb.

Juli Der 1. ist trüb und rauh, der 2. regnerisch. Vom 3. bis 9. herrscht große Hitze. Das Wetter ist schön. Am 9. gibt es nachts zwei Gewitter mit langem, schweren Platzregen. Am 10. regnet es stark. Vom 11. bis 27. ist es wieder sehr heiß und trocken. Am 28. fällt langer, starker Regen. Auch am 30. und 31. regnet es.

August Am 1. ist es trüb. Es regnet aber nur wenig. Die Tage 2., 3., 4. sind prächtig schön, nachts kühl. Am 5. gibt es ein Gewitter mit Platzregen. Der 6. ist ziemlich schön zwischen dem 7. und 13. fällt Regen. Der 14., 15., 16. sind wieder schön, am 17. gibt es ein Unwetter mit Gewitter, Sturmwind, Platzregen. Vom 18. bis zum Monatsende regnet es durchgehend sehr stark. Das Getreide wächst auf dem Feld aus, und das Stroh verfault.

September Vom 1. bis zum 8. ist es herrlich schön. Am 9. gibt es nach Mitternacht ein heftiges Unwetter. Der 10., 11. sind wolkig mit Regen, der 14. schön warm, der 15., 16., 17. bringen starkes Regenwetter. Zwischen dem 18. bis 23. ist es hell, nachts kalt. Vom 24. bis 29. fällt Regen, am 30. ist es aufgehellt.

Oktober Am 1., 2., 3. ist es hell, windig, morgens hart gefroren. Am 4. fällt Regen, am 5. ist es warm. Es gibt ein

Gewitter. Am 6., 7. gehen 48 Stunden lang unaufhörlich Regengüsse nieder. Am 8., 9., 10., 11. ist es wolkig ohne Regen. Am 12., 13. hat es Reif, und es ist gefroren, am 14. hell und warm. Der 15. ist wolkig ohne Frost. Am 28. hat es morgens Nebel, nachts ist es sehr kalt wie im Winter mit Sturmwind. So geht es bis zum Monatsende weiter. Dann gibt es schon dickes Eis.

November Am 1. ist es hell und sehr kalt, der 2., 3. bringen Regen, der 4. bis 7. feines Wetter. Vom 8. bis 11. fällt Regen, am 12. ist es windig, zwischen dem 14. und 15. gibt es kleine Regengüsse. Die Tage 16. bis 21. sind immer wieder mit Regen vermischt. Am 21. ist es hart gefroren, am 22. morgens sehr kalt, danach fällt Regen. Auch am 23. regnet es. Der 24. ist ein schöner, lustiger Herbsttag. Am 25. ist es tags schön, nachts regnerisch. Dasselbe gilt für den 27. Am 28. und 29. ist schönes, aber windiges Wetter.

Dezember Schnee und Regen am 1., am 2. Schnee. Am 4. hellt es auf. Am 5. regnet es den ganzen Tag. Der Schnee wird weggeschwemmt. Am 6., 7., 8. ist es warm und trüb. Am 9. fällt starker Regen. Der 10. ist ein herrlich schöner und warmer Frühlingstag. Am 11. ist es windig, am 12. gibt es starke Regengüsse. Vom 15. bis 18. ist es trüb, am 19. hell und gefroren. Es wintert wieder zu. Vom 19. bis 29. wird es hell, still, sehr kalt. Doch es fällt kein Schnee mehr. Am 30. und 31. herrscht morgens Nebel, danach bleibt es trüb.

Januar Vom 1. bis 4. ist es trüb und mittelkalt. Am 5. fallen Schnee und Regen, doch der Schnee bleibt liegen. Am 6. schneit es nur leicht. Am 7., 8. und 9. ist es trüb, am 10. schneit es erneut. Der 11., 12. sind windig und trüb. Am 13. fällt erneut Schnee. Am 14., 15., 16. ist es trüb und mittelkalt, am 17. hell, am 18. und 19. hell und mittelkalt. Am 20. herrscht grimmige Kälte. Am 21. und 22. gibt es Wind und Schnee. Der 23. und 24. sind hell und sehr kalt. Am 25. und 26. bricht erneut unerhörte Kälte herein. Vom 27. bis 30. schneit es, und es ist sehr windig. Der 31. ist übergrimmig kalt.

Februar Vom 1. bis 4. ist es sehr kalt. Am 5. und 6. fällt Schnee. Nachts ist es kalt. Am 7. wird es kälter denn je. In allen Kellern gefriert es. Die Kälte dauert am 8., 9. an. Diese Tage übertreffen noch alle anderen. Es sind viele Menschen, Vieh und Vögel erfroren, besonders fast alle Amseln. Am 10. ist es etwas milder, doch immer noch grimmig kalt. Der 11., 12., 13. bringen starken Wind und Schnee. Es bleibt kalt. Der 14. ist trüb. Am 15. und 16. fällt ziemlich viel Schnee. Der 17. ist trüb, mild. Es schneit nur noch wenig. Nachts ist es sehr kalt. Der 18. ist trüb, der 19. warm und fein. Vom 20. bis 27. regnet es. Der Schnee wird größtenteils weggetaut. Am 28. dieses Monats gab es ein bemerkenswertes Ereignis, das etwas ausführlicher beschrieben werden soll: Morgens gab es eine Morgenröte und etwas Frost. Um 10 Uhr klatschte ein Platzregen nieder. Zwischen 10 und 11 war ziemlich normales Wetter. Danach donnerte es siebenmal, und es gab ein einziges Wetterleuchten. Ungefähr drei Vaterunser lang hagelte es. Die Hagelkörner waren groß wie Nüsse. In der Folgezeit regnete es einige Minuten lang, worauf sich das Wetter beruhigte. Vor diesem Wetter gab es keinen merkbaren Wind. Abends schien die Sonne wieder, und es war windig und ziemlich kalt. Als es dunkel werden wollte, zog erneut ein Gewitter auf – mit Sturmwind und Platzregen und Hagel. Nachts regnete es stark, vermischt mit Schnee. Der Wind tobte unentwegt. So endete dieser Monat.

März Am 1. herrscht starker Wind, morgens schneit es, abends fiel Regen und Schnee. Es ist kalt. Am 2., 3.

scheint die Sonne. Vom 4. bis 7. regnet es. Der 8. ist trüb und windig, der 9. warm, nachts fällt kalter Regen. Am 10. schneit es. Der 11. ist rauh, der 12., 13. sind schön, aber morgens ist es noch gefroren. Am 14. fällt Graupelschauer. Der 15. und 16. sind hell und kalt, der 17. windig mit sehr scharfer Luft. Gleiches gilt für den 18. Auch am 19. ist es sehr kalt, und es schneit heftig und ist sehr windig. Der 20. ist kalt, windig, und es schneit.«

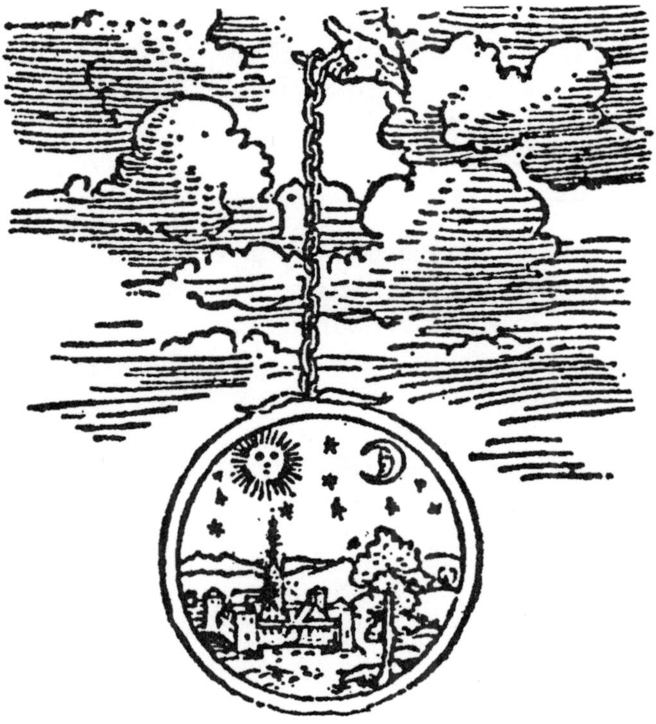

von 1508: Gott ist allmächtig . . .

Das Wetter speziell im Saturn-Jahr 2000

berechnet nach
den Regeln des Abtes Mauritius Knauer

Saturn wird in diesem Jahr von Jupiter eingeholt. Beide starten im Sternzeichen Stier, Saturn über dem 5. Mai. Er wandert ohne Aufenthalt durch das Sternzeichen, erreicht am 10. August die Zwillinge, kommt dort voran bis zum 2. Juni. Dann dreht der Planet um und wandert wieder zurück in den Stier. Dort kommt er am 17. Oktober an. Über dem 15. Mai beginnt der Vorwärtslauf wieder. Am Ende steht Saturn über dem 17. Mai. Ein Jahr, das vor allem den Sternzeichen Stier, Löwe, Skorpion und Wassermann viel Kummer bringen kann. Saturn wird das Wetter vor allem um den 10. Mai, den 23. August, den 20. November negativ beeinflussen.

Jupiter startet über dem 22. April. Der Planet kommt sehr zügig voran, erreicht schon am 1. Juli die Zwillinge und gelangt ebenfalls bis zum 2. Juni, ehe er seinen Lauf abbremst und bis zum 22. Mai zurückkehrt. Am Ende des Saturn-Jahres steht er über dem 27. Mai. Wenn Jupiter und Saturn sich begegnen oder gar über weite Phasen nahezu parallel laufen, wie das in diesem Jahr der Fall ist, heben sich Glück und Pech gewissermaßen auf. Wir dürfen deshalb in diesem Jahr nicht unbedingt mit sehr schönem Wetter rechnen.

Mars läßt sich in diesem Jahr durch nichts aufhalten. Sein Lauf beginnt über dem 19. April. Dann zieht er sehr gradlinig seine Bahn: 23. 3. Stier, 4. 5. Zwillinge, 16. 6. Krebs, 1. 8. Löwe, 17. 9. Jungfrau, 4. 11. Waage, 23. 12. Skorpion, 15. 2. Schütze. Am Ende steht der Planet über dem 7. Dezember. Die ganz großen Stürme dürften damit in diesem Jahr ausbleiben.

Venus ist ebenfalls fast ein ganzes Jahr lang sehr gradlinig. Am Beginn des Saturn-Jahres steht sie über dem 30. März. Schon am 6. 4. erreicht sie den Widder, am 1. 5. den Stier, am 26. 5. die Zwillinge, am 18. 6. den Krebs, am 13. 7. den Löwen, am 6. 8. die Jungfrau, am 31. 8. die Waage, am 24. 9. den Skorpion, am 19. 10. den Schützen, am 14. 11. den Steinbock, am 8. 12. den Wassermann, am 4. 1. die Fische. Der Kreis ist geschlossen. Doch Venus zieht noch weiter, erreicht am 2. 2. den Widder und gelangt dort bis zum 7. April. Am Ende steht sie, rückwärts wandernd, über dem 4. April.

Merkur startet kurz hinter der Venus, über dem 25. März. Er spurtet sehr schnell dahin: 13. 4. Widder, 30. 4. Stier, 14. 5. Zwillinge, 30. 5. Krebs. Über dem 12. Juli vollzieht er die erste Kehrtwende, kehrt zurück bis zum 2. Juli und ist am 7. 8. im Löwen, am 22. 8. in der Jungfrau, am 8. 9. in der Waage, am 28. 9. im Skorpion. Über dem 8. November erfolgt die zweite Kehre, zurück in die Waage bis zum 23. Oktober. Am 9. 11. ist er wieder im Skorpion, am 3. 12. im Schützen, am 23. 12. im Steinbock, am 11. 1. im Wassermann, am 1. 2. in den Fischen. Er kehrt ein drittesmal zurück bis zum 5. Februar, ist am 18. 3. wieder in den Fischen und hat am Ende die Umrundung eben geschafft. Er ist genau zum Ausgangspunkt 25. März zurückgekehrt.

Aufgrund dieser Planetenläufe wird das Wetter im Saturn-Jahr 2000 folgendermaßen aussehen:

März Das Jahr beginnt mit einem Vollmond. Er bringt recht angenehmes, wenngleich noch nicht zu warmes Wetter. Am 31. könnte es sogar noch einmal schneien.

April Der April bringt bis zum 14. sehr schönes, trockenes Wetter; tagsüber ist es bereits angenehm warm. Um den 15. kann es aber noch einmal sehr kalt und windig werden. Um den 20. dürfte es heftig regnen. Danach beruhigt sich das Wetter aber rasch wieder.

Mai Das wird ein schlimmer Monat. Die ersten 5 Tage sind zwar einigermaßen erträglich, doch ab dem 6. wird es geradezu katastrophal. Regen, Wind, fast winterliche Kälte um den 10. und die Gefahr verheerender Erdbeben. Es bleibt ungut, denn um den 20. wird es sehr kalt und windig. Erst die letzten Maitage werden etwas angenehmer.

Juni Der Juni wird nicht sehr viel besser. Keine Spur von Sommer. Es ist kalt, regnerisch, mit Überschwemmungskatastrophen vor allem in den ersten Tagen. Dazwischen kann es einmal einen heiteren Tag geben, der aber umgehend wieder in Schlechtwetter übergeht.

Juli Auch der Juli wird wieder recht feucht und bringt nur wenige schöne Tage. Er beginnt mit heftigen Gewittern in den ersten Tagen. Viel Regen gibt es vor allem um den 17. und 27.. Am 29. regnet es erneut; diese Wetterlage hält bis zum Monatsende an.

August Es wird und wird nicht Sommer. Der August bringt eine Fülle recht schlimmer Tage: 6. kalter, heftiger Regen, 11. orkanartige Stürme, 14. Platzregen, 23. Kälte und Wind, 29. Katastrophentag mit bösem Wetter. Dazwischen gibt es immer nur kurze Aufhellungen. Die Temperaturen schwanken stark – einmal ist es sehr kalt, dann wieder unerträglich heiß und schwül.

September Dieser Monat bringt nun doch noch einen verspäteten Sommer mit einigermaßen schönem und warmem Wetter. Der 2. ist zwar noch recht unwirsch, doch dann folgt schönes Wetter bis zum 17. Am 18. gibt es tagsüber ersten Frost und Kälte. Am 27. dürfte es heftig regnen. Die letzten Tage sind wieder heiter.

Oktober Im Oktober geht es auf und ab – sehr schöne und recht schlechte Tage wechseln einander in stürmischer Folge ab. Der 3. bringt heftige Unwetter, der 4. einen warmen, heiteren Tag. Am 8. dürfte es heftig regnen, am 19. plötzlich sehr kalt werden. Am 26. folgen wieder Regentage, die bis zum 29. andauern.

November Das wird ein recht guter Monat werden, nicht zu kalt, nicht zu düster, nicht zu neblig, sondern eher trocken mit vielen schönen Tagen. Es gibt nur zwei Phasen, die etwas kritischer sind: die Tage um den 9. mit sehr heftigen Winden und um den 19. mit großer Kälte und Eis.

Dezember Auch der Dezember ist ein recht günstiger Monat. Die ersten Tage bis zum 5. sind zwar etwas düster, recht kalt und windig, doch dann setzt sich schönes Winterwetter durch. Erst die Tage nach Weihnachten sind dann bissig kalt und bringen auch ergiebige Schneefälle.

Januar Es wird recht kalt, und es gibt heftige Niederschläge. Trotzdem wird dieser Monat nicht unerträglich. Schöne Tage bis zum 8. Dann sehr heftige Schneefälle. Bis zum 18. wird es wieder schön, doch am 19. kommt es zum Wetterchaos. Der meiste Schnee dürfte aber um den 24. fallen. Der 27. bringt heftige Winterstürme.

Februar Um den 5. herum dürfte es noch einmal sehr kalt werden. Danach wird es aber erträglicher. Es folgen gute Tage bis zum 21. Der 22. wird ein sehr stürmischer, regnerischer Tag. Die letzten Tage bleiben etwas wechselhaft, sind aber nicht schlecht.

März Nur die ersten 5 Tage sind kalt und regnerisch. Danach erleben wir einen recht schönen Monat mit einem frühen Frühling. Es dürfte in diesem Jahr recht früh sehr warm und trocken werden.

Hinweise für Garten, Landwirtschaft und Gesundheit

Und wieder die Anmerkungen des Abtes Mauritius Knauer

Die Sommersaat

»Weil der Frühling sich kalt und ungeschlacht zeigt und es vor dem Juli nicht so recht warm wird, darf man sich mit der Frühlingssaat nicht zu sehr beeilen. Doch sie sollte andererseits auch nicht zu spät erfolgen. Die Mittelsaat ist die beste, die späte die schlechteste. Alles muß untersät werden.

War der letzte Sommer kalt und feucht, gibt es wenig Gerste und Hafer in diesem Jahr. War es aber warm, dann gerät die Gerste sehr wohl. Doch es hängt alles davon ab, wie man sie einbringt.

Wegen des kontinuierlichen Regens werden viele Feldfrüchte auswachsen. Kraut und Wirsing verfaulen zeitig, oder sie bilden nur kleine Köpfe.

Rüben, gelbe ebenso wie weiße, geraten wohl. Flachs und Hanf werden durchschnittlich, an manchen Orten eher schlecht.

Heu wächst nicht viel. Man muß allen Fleiß aufbieten, daß es, obschon kurz und wenig, beizeiten gemäht und im Juli, solange der schön ist, eingebracht wird, sonst ist es zu spät.

Es wächst viel Grummet (zweite Heuernte, Öhmd), doch es wird der nassen Witterung wegen sehr schwer einzubringen sein. Wer gut ernährtes Vieh haben will, kann die Wiesen abhüten lassen.

Aufgepaßt: In diesem Jahr und im nächsten tut man gut daran, einen Vorrat an Heu und Stroh anzulegen, denn die darauffolgenden Jahre unter der Regentschaft von Mars und Sonne werden wenig Heu, Gerste und Hafer bringen.

Darstellung der ›Planeten‹
aus einem Planetenbuch aus dem Jahre 1553

Der Winterbau

Der Winterbau fällt ziemlich spärlich aus. Kein Vergleich zum Sommerbau. Man soll seine Schafe weder im Winter noch im Frühling über die Felder treiben, sonst wächst gar wenig Winterbau. Zu dessen Einbringung – das gilt für Sommerfrüchte ganz allgemein – müssen auch die Vorabende von Feiertagen herangezogen werden, damit auf dem Feld nicht zuviel auswachse und verderbe. Es soll zeitig geschnitten werden, weil im August das nasse Wetter einfällt und allezeit etwas an der Gerste und auch am späten Korn auswächst.

Die Herbstsaat

Im Herbst muß Korn und Weizen zeitig gesät werden. Der Same wächst nämlich sehr langsam, ob es nun regnet oder das Wetter trocken ist. Wiederum gilt wie im vergangenen Frühling: Es dürfen keine Schafe über die Felder getrieben werden, denn der Winterbau wächst in diesem Jahr nicht so recht voran.

Das Obst

In diesem Jahr gibt es wenig Obst, wenig Zwetschgen, in manchen Saturn-Jahren fällt auch die Nuß- und Eichelernte schlecht aus, doch ist sie in aller Regel noch besser als die Obsternte. Kirschen gibt es nicht sehr viel, doch man kann damit zufrieden sein.

Der Hopfen

Die Gefahr ist sehr groß, daß der Hopfen im Frühling vom Hagel erschlagen wird. Auch wenn das nicht der Fall sein sollte, gerät er nicht sonderlich.

Der Weinbau

Der Weinstock läßt sich im Frühling gewöhnlich gut an, doch dann wird wenig daraus: Gewöhnlich fällt er zum größten Teil in der Blüte ab. Ob aber viele oder wenig Trauben heranwachsen, sie reifen nicht zeitig, so daß von der Weinernte nichts als ein sauerer Trunk zu erwarten ist. Entweder ist es das Jahr über für den Wein zu naß, oder er erfriert um Michaeli (Ende September). Die Weinlese muß in diesem Jahr besonders zeitig im Herbst begonnen werden, sonst erfriert alles. Aber mit dem Decken soll man nicht eilen. Obwohl es schon zeitig im Oktober zufriert, so taut es danach wieder. Vor der Dezembermitte wird es nicht Winter. Wenn also zu zeitig gedeckt würde, müßten die Reben im nassen Erdreich faulen und würden dann Schaden nehmen.

Die Fische

Lachsforellen gibt es nicht in diesem Jahr so viel wie in den meisten anderen Jahren, doch was man notwendig braucht, läßt sich ausreichend finden. Auch die übrigen Fische sind seltener während des Sommers, dann jedoch wieder etwas zahlreicher im Herbst. An Überfluß fehlt es jedoch stets.

Das Ungeziefer

Schlangen und Kröten hat dieses Jahr nicht sonderlich viel. Doch im Winter gibt es besonders viele Mäuse. Das Getreide bleibt jedoch von Würmern relativ verschont. Die Weißen (Raupen, Mehlwürmer) werden allerdings im darauffolgenden Winter durch die große Kälte restlos vernichtet.

Wind, Regengüsse, Ungewitter

Zwei- oder dreimal im Jahr fegen sturmartige Winde übers Land, begleitet von starkem Regen und Wolkenbrüchen. Das wird vornehmlich im Herbst und im ausgehenden Sommer der Fall sein, vorausgesetzt, der vorhergehende Sommer war warm. Seltener werden sich dagegen Ungewitter mit Donner und Blitz finden – abgesehen von einigen Gewittern im Frühjahr mit Hagelschlag. Gewitter im Sommer sind größtenteils ungefährlich.

Krankheiten

Gegen Ende des Sommers und im Herbst gibt es viele gefährliche Krankheiten, die fast einer Seuche gleichkommen: hohes Fieber, Durchfall oder Ruhr, Erkältungen, Zipperlein, Aussatz, Krätze, Schlaganfall, Schwindsucht (Tuberkulose), viertägiges Fieber, schwarze Gelbsucht, Bauchschmerzen, Wassersucht, Husten und dergleichen Krankheiten mehr, die von kalten Flüssen (innere Unterkühlungen) verursacht werden. Die Blattern regieren im Frühling bei den Kindern, von denen viele die Welt segnen. Auch Vieh- und Pferdekrankheiten sind an manchen Orten nicht selten.«

Das
JUPITER-JAHR
2001

Kalender des Jupiter-Jahres 2001

	Januar	Februar	März	April	Mai	Juni
1.	Mo	Do	Do	**So**	Di	Fr
2.	Di	Fr	Fr	Mo	Mi	Sa
3.	Mi	Sa	Sa	Di	Do	**Pfingsten**
4.	Do	**So**	**So**	Mi	Fr	**Pf.-Mo.**
5.	Fr	Mo	Mo	Do	Sa	Di
6.	**3 König**	Di	Di	Fr	**So**	Mi ○
7.	**So**	Mi	Mi	Sa	Mo ○	Do
8.	Mo	Do ○	Do	**So** ○	Di	Fr
9.	Di ○	Fr	Fr ○	Mo	Mi	Sa
10.	Mi	Sa	Sa	Di	Do	**So**
11.	Do	**So**	**So**	Mi	Fr	Mo
12.	Fr	Mo	Mo	Do	Sa	Di
13.	Sa	Di	Di	Fr	**So**	Mi
14.	**So**	Mi	Mi	Sa	Mo	**Fronl.**
15.	Mo	Do	Do	**Ostern**	Di	Fr
16.	Di	Fr	Fr	**O.-Mo.**	Mi	Sa
17.	Mi	Sa	Sa	Di	Do	**So**
18.	Do	**So**	**So**	Mi	Fr	Mo
19.	Fr	Mo	Mo	Do	Sa	Di
20.	Sa	Di	Di	Fr	**So**	Mi
21.	**So**	Mi	Mi	Sa	Mo	Do ●
22.	Mo	Do	Do	**So**	Di	Fr
23.	Di	Fr ●	Fr	Mo ●	Mi ●	Sa
24.	Mi ●	Sa	Sa	Di	**Himmelf.**	**So**
25.	Do	**So**	**So** ●	Mi	Fr	Mo
26.	Fr	Mo	Mo	Do	Sa	Di
27.	Sa	Di	Di	Fr	**So**	Mi
28.	**So**	Mi	Mi	Sa	Mo	Do
29.	Mo		Do	**So**	Di	Fr
30.	Di		Fr	Mo	Mi	Sa
31.	Mi		Sa		Do	

	Juli	August	Sept.	Okt.	Nov.	Dez.
1.	**So**	Mi	Sa	Mo	**Allerh.** ○	Sa
2.	Mo	Do	**So** ○	Di ○	Fr	**1. Advent**
3.	Di	Fr	Mo	Mi	Sa	Mo
4.	Mi	Sa ○	Di	Do	**So**	Di
5.	Do ○	**So**	Mi	Fr	Mo	Mi
6.	Fr	Mo	Do	Sa	Di	Do
7.	Sa	Di	Fr	**So**	Mi	Fr
8.	**So**	Mi	Sa	Mo	Do	Sa
9.	Mo	Do	**So**	Di	Fr	**2. Advent**
10.	Di	Fr	Mo	Mi	Sa	Mo
11.	Mi	Sa	Di	Do	**So**	Di
12.	Do	**So**	Mi	Fr	Mo	Mi
13.	Fr	Mo	Do	Sa	Di	Do
14.	Sa	Di	Fr	**So**	Mi	Fr ●
15.	**So**	Mi	Sa	Mo	Do ●	Sa
16.	Mo	Do	**So**	Di ●	Fr	**3. Advent**
17.	Di	Fr	Mo ●	Mi	Sa	Mo
18.	Mi	Sa	Di	Do	**So**	Di
19.	Do	**So** ●	Mi	Fr	Mo	Mi
20.	Fr ●	Mo	Do	Sa	Di	Do
21.	Sa	Di	Fr	**So**	Mi	Fr
22.	**So**	Mi	Sa	Mo	Do	Sa
23.	Mo	Do	**So**	Di	Fr	**4. Advent**
24.	Di	Fr	Mo	Mi	Sa	Mo
25.	Mi	Sa	Di	Do	**So**	**Weihnacht**
26.	Do	**So**	Mi	Fr	Mo	**2. Weihn.**
27.	Fr	Mo	Do	Sa	Di	Do
28.	Sa	Di	Fr	**So**	Mi	Fr
29.	**So**	Mi	Sa	Mo	Do	Sa
30.	Mo	Do	**So**	Di	Fr ○	**So** ○
31.	Di	Fr		Mi		Mo

Die Stunden des Neumondes und ihre Regenten

(Greenwichzeit)

Mittwoch 24. Januar	13.07 Uhr (Merkur-Tag)	im Wassermann	= Merkur
Freitag 23. Februar	08.22 Uhr (Venus-Tag)	in den Fischen	= Mond
Sonntag 25. März	01.22 Uhr (Sonne-Tag)	im Widder	= Merkur
Montag 23. April	15.26 Uhr (Mond-Tag)	im Stier	= Jupiter
Mittwoch 23. Mai	02.47 Uhr (Merkur-Tag)	in Zwillingen	= Jupiter
Donnerstag 21. Juni	11.58 Uhr (Jupiter-Tag)	in Zwillingen	= Mond
Freitag 20. Juli	19.45 Uhr (Venus-Tag)	im Krebs	= Sonne
Sonntag 19. August	02.56 Uhr (Sonne-Tag)	im Löwen	= Mond
Montag 17. September	10.28 Uhr (Mond-Tag)	in der Jungfrau	= Sonne
Dienstag 16. Oktober	19.24 Uhr (Mars-Tag)	in der Waage	= Jupiter
Donnerstag 15. November	06.41 Uhr (Jupiter-Tag)	im Skorpion	= Jupiter
Freitag 14. Dezember	20.48 Uhr (Venus-Tag)	im Schützen	= Venus

Beachten Sie bitte, daß alle Stunden vor 6 Uhr – Sonnenaufgang – den Regenten des Vortages haben.

Die sieben Planeten und ihre Kinder.
Holzschnittserie von Hans Sebald Beham um 1530

Das Jahr des Jupiter
(2001, 2008, 2015)

»Jupiter ist der nächste Planet nach dem Saturn. Groß an Gestalt, schön und klar, vollendet er seinen Lauf alle zwölf Jahre einmal. Das heißt: Er weilt ein ganzes Jahr lang über einem einzigen Tierkreiszeichen und braucht zwölf Jahre, bis er alle zwölf Zeichen durchwandert hat.

Seiner Natur nach ist er warm und feucht, mittelmäßig sanguinisch (heiter, ansprechend) und lüftig.

Jupiter ist ein männlicher, der menschlichen Natur geneigter und freundlicher Stern. Man nennt ihn ›fortuna major‹, das große Glück. Unter seinem Einfluß werden die Menschen von vornehmer heller Haut, wohlgestalt, von gutem Gemüt, verständig in ihren Werken, gerecht, freigebig, reich, treu und glücklich.

Die weniger guten Eigenschaften, die Jupiter zugeschrieben werden, sind Hoffart, Ehr- und Prunksucht.

Jupiter ist der Stern der Kinder, Kardinäle, Bischöfe, Prälaten, Richter und Vorsteher. Im menschlichen Leib sind ihm zugeordnet: Lunge, Leber, das Knochengerüst, Knorpel, Pulsader und menschlicher Samen.

2001
JUPITER-JAHR

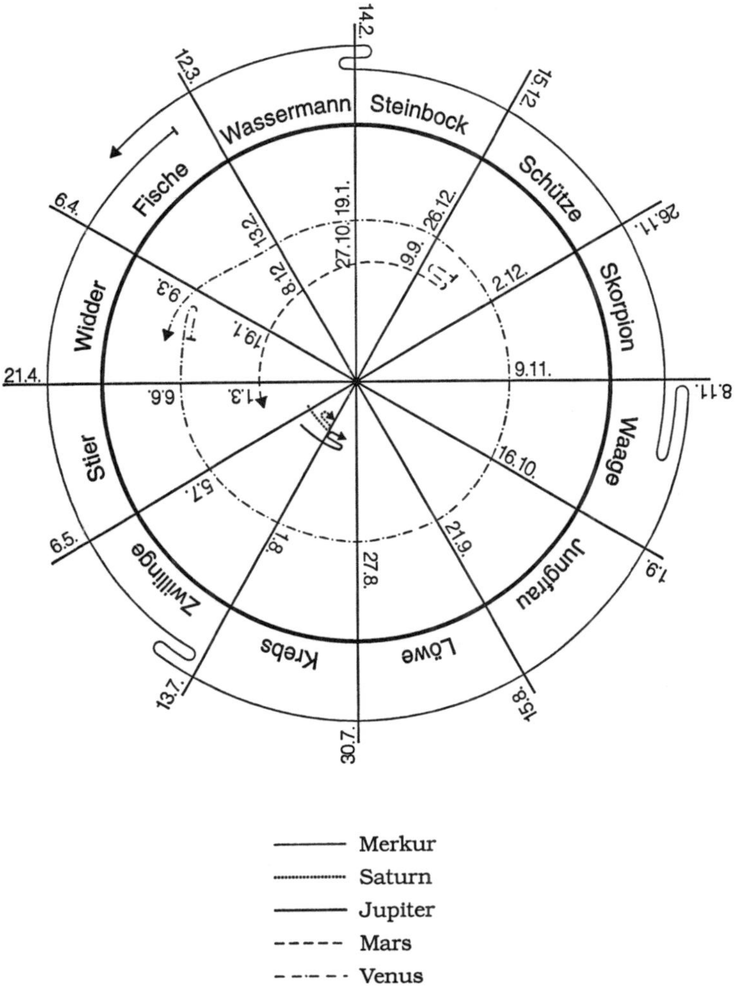

Das Wetter im Jupiter-Jahr

Das Jupiter-Jahr ist
ziemlich warm und mehr feucht als trocken.
Weil der Saturn, sein Vorgänger,
mit seinem langwierigen Winter und grimmigen Kälte
im Frühling noch lange nachwirkt,
gibt es ein spätes Jahr.
Obschon also Jupiter zu aller Fruchtbarkeit geneigt ist,
wachsen und reifen im Jupiter-Jahr manchmal
alle Früchte drei Wochen später als sonst.

Frühling

Er ist bis in den Mai kalt und feucht, in der Mitte des Monats zwölf Tage lang wohltemperiert und angenehm, danach wieder bis zum Ende kalt und feucht.

Sommer

Auch er ist anfänglich kalt und feucht, gegen Mitte warm mit vielen Gewittern, zu Ende recht heiß. Gibt es im Jupiter-Jahr einmal einen dürren Sommer – was alle 28 Jahre einmal geschieht –, wird danach das Getreide teuer. Zum dürren Sommer kommt es nur wenn im Februar, März, April oder Mai eine Sonnenfinsternis zu sehen war.

Herbst

Der Herbst ist durch und durch feucht und mit stetigem Regen angefüllt. Anders wird das Wetter, wenn es zuvor eine Sonnenfinsternis gegeben hat.

Winter

Anfänglich ist er für wenige Tage sehr kalt und hat viel Schnee. Danach präsentiert er sich bis zum Ende mild und ohne Schnee. Es wird aber sehr windig sein.

Das Partikular-Wetter für das Jupiter-Jahr

März Er ist vom 21. bis 23. sehr kalt gewesen, vom 24. bis zum Monatsende war es morgens stets hart gefroren. Am Tag hat es getaut.

April Er ist zunächst kalt. Am 3. und 4. wird es sehr schön und warm. Platzregen und starker Wind am 6. und 7. Vom 8. bis zum 11. ist es schön warm. Starke Regengüsse und Gewitter am 12. Am 13. und 14. schön, danach Regenwetter mit Gewittern bis zum 21. Am 22. und 23. Föhn. Am 23., 24., 25. sehr kalt und starker Regen. 26. bis 29. sehr rauh und kalt, dabei trüb. 29. und 30. Regengüsse.

Mai Der 1. und 2. sind rauh, windig, kalt. Vom 3. bis zum 14. ist es schön warm, ab und zu gibt es Gewitter und leichten Regen. Vom 15. bis zum 22. Regen, Kälte und Hagel. Am 23. hat es morgens eisigen Frost. Der 25., 26., 27. sind einigermaßen schön. Am 28., 29. ist es wieder kalt, und es fällt etwas Regen. Am 30. hat es Reif und Eis. Später regnet und schneit es den ganzen Tag.

Juni Er fängt mit einem schönen Tag an. Am 2. setzt starker Regen ein. Vom 4. bis 6. ist es rauh, der 7. ist ein schöner warmer Tag, der 8. ist unbeständig. Vom 9. bis zum 14. ist es morgens recht kühl, abends wärmer. Am 15. regnet es Tag und Nacht. Vom 16. bis zum 20. ist es morgens ebenfalls sehr kalt. Der 21. und 22. sind schöne warme Tage. Am 22., 24. herrscht Dauerregen. Am 25. ist es wieder sehr kalt. Vom 26. bis zum Monatsende regnet es.

Juli Am 1. und 2. ist es kalt und trüb. Es nieselt. Am 3. und 4. ist es warm. Am 5./6. wieder sehr kalt, vom 7. bis zum 17. erstreckt sich eine schöne, warme Zeit. Regen dann am 18., 19., 20. und 21. Vom 22. an ist es bis zum Monatsende schön warm, ja heiß.

August Am 1. bis zum 6. ist es schön warm. Am 7. regnet es den ganzen Tag. Vom 8. bis 11. ist es trüb mit wenig Regen. Platzregen am 12., der 13. ist schön. Am 14. hat es nachts Reif und Eis. Am 15. gibt es ein Gewitter mit Platzregen. Am 16. und 17. fällt kalter Regen. Vom 18. bis zum 24. ist es schön und sehr warm. Vom 25. bis zum 28. gibt es täglich Gewitter mit starkem Regen. Der 29. ist schön, am 30. und 31. regnet es.

September Vom 1. bis 4. herrscht warmes Wetter. Am 4. gibt es nachts ein Gewitter mit Platzregen. Vom 5. bis zum 8. ist es sonnig, schön, aber windig. Am 9. fällt etwas Regen. Der 10. und 11. sind kühl und windig. Vom 13. bis 16. fällt Regen, vom 17. bis 26. ist es schön warm wie im Sommer. Vom 27. bis zum Monatsende regnet es.

Oktober Vom 1. bis 14. herrscht Regenwetter, und es ist ziemlich kalt. Am 15. fällt nachts Schnee. Vom 15. bis zum 21. regnet es, und es ist windig. Danach ist es bis zum Monatsende angenehm warm.

November Der 1. ist schön, am 2. und 3. ist es morgens gefroren und hell. Der 4., 5., 6. sind schöne, warme Tage. Am 6. regnet es die ganze Nacht. Vom 7. bis zum 13. bleibt es trüb und kalt, es nieselt ein wenig. Am 14. ist es windig und trüb und es regnet. Am 15. herrscht starker Wind und es fällt Schnee. Vom 16. bis zum 19. bleibt es unbeständig. Vom 20. bis zum 27. fällt starker Regen, bisweilen mit Schnee vermischt. Am 28. ist es ziemlich schön, am 29., 30. trüb und kalt.

Dezember Am 1., 2. schneit es zu. Vom 3. bis 8. ist es unbeständig. Am 9. fällt nachts große Kälte ein. Am 10. herrschen starke, überaus kalte Winde. Es fällt viel Schnee und ist sehr kalt. Grimmige Kälte am 11. und 12. Am 13., 14. schneit es erneut und es wird milder. Der 14. ist klar und sehr kalt. Vom 16. bis 19. ist es trüb und nicht mehr so kalt, am 20. trüb und wieder sehr kalt. Vom 21. bis zum 28. fällt Regen und es ist mild. In manchen Gegenden wird der Schnee weggeschwemmt, in anderen bleibt er liegen. Vom 29. bis zum Monatsende ist es kalt, und es schneit nur wenig.

Januar Die ersten drei Tage sind trüb und mittelmäßig kalt. Vom 3. bis 6. regnet es. Am 7., 8., 9. ist es mittelkalt. Am 10. fällt Regen mit Graupelschauern. Vom 11. bis zum 17. bleibt das Wetter unbeständig und windig. Vom 18. bis 22. regnet es, mitunter sehr heftig. Vom 23. bis zum Monatsende ist es unbeständig mit Regen, Wind, Schnee, Nebel.

Februar Vom 1. bis zum 6. ist es trüb mit Regen und Nebel und Wind. Am 7. hellt es dann auf, und es wird ziemlich kalt. Vom 8. bis zum 11. ist es wieder trüb, regnerisch und windig. Vom 12. bis zum 16. ist es dann hell und wieder ziemlich kalt. Regen und Schnee am 17., vom 18. bis zum 21. herrschen kalte Winde, vom 22. bis zum 26. ist es hell, morgens kalt und gefroren, aber nachmittags ist es lieblich. Der 27. ist trüb, nachts fällt kalter Regen. Der 28. ist rauh und kalt.

März Vom 1. bis 7. ist es rauh, kalt und ziemlich windig. Vom 8. bis 17. wird es sehr kalt, obschon kein Schnee liegt. Der 18. und 19. bringen Wind, Schnee und Regen. Der 20. und 21. sind hell, und an den Vormittagen ist es dann recht kalt.«

Das Wetter speziell im Jupiter-Jahr 2001

berechnet nach den Regeln des Abtes Mauritius Knauer

Saturn beginnt seinen Lauf über dem 17. Mai. Am 21. April erreicht er die Zwillinge und kommt dort voran bis zum 5. Juni. Dann kehrt er um, wandert zurück zum 30. Mai. Am Ende des Jupiter-Jahres steht er über dem 31. Mai. Das bringt vor allem den ersten Zwillingen, Jungfrauen, Schützen und Fischen Krisenphasen. In diesem Jahr wird das Wetter vor allem Ende Mai, Anfang September, Anfang Dezember und Ende Februar recht schlecht sein, bleibt aber eher trocken als naß.

Jupiter ist dem Saturn wieder voraus und hat in diesem Jahr keine Berührungen mehr mit diesem Planeten. Er startet seinen Lauf über dem 27. Mai und durchwandert die Zwillinge recht zügig. Schon am 14. 7. erreicht er den Krebs und kommt dort bis zum 7. Juli. Er wandert zurück bis zum 27. Juni und steht am Ende über dem 28. Juni. Den Zwillingen gehören also nur knapp vier Monate, während die ersten Krebs-Geburtstage Jupiter fast acht Monate über sich haben. Die besten Wetterphasen durch Jupiter finden sich Ende März, Mitte Juni, Anfang September und Mitte November.

Mars wandert erst einmal vom 8. Dezember bis zum 22. November rückwärts. Erst am 9. 9., also nach fast einem halben Jahr, erreicht er den Steinbock, am 27. 10. den Wassermann, am 8. 12. die Fische, am 19. 1. den Widder und am 1. 3. den Stier. Am Ende hat er über dem 3. Mai eine dürftige Strecke zurückgelegt. Leidtragend sind wiederum Zwillinge, Jungfrauen, Schützen und Fische, die besonders unter dem Marsdruck stehen. Das Wetter wird vor allem im Sommer sehr heiß werden.

Venus bewegt sich ebenfalls zunächst rückwärts. Sie startet im Sternzeichen Widder über dem 5. April und kehrt zurück bis zum 22. März. Erst am 6. 6. erreicht sie den Stier, am 5. 7. die Zwillinge, am 1. 8. den Krebs, am 27. 8. den Löwen, am 21. 9. die Jungfrau, am 16. 10. die Waage, am 9. 11. den Skorpion, am 2. 12. den Schützen, am 26. 12. den Steinbock, am 19. 1. den Wassermann, am 13. 2. die Fische, am 9. 3. den Widder. Damit ist die Umrundung vollendet. Am Ende steht Venus über dem 6. April. Der lange Aufenthalt im Sternzeichen Widder wird einen sehr angenehmen, schönen Frühling bringen.

Titelbild einer Kometenschrift von N. Pruckner, 1532

Merkur beginnt seinen Lauf im Sternzeichen Fische über dem 23. Februar. Zunächst wandert er sehr zügig voran: 6. 4. Widder, 21. 4. Stier, 6. 5. Zwillinge. Dort kommt er bis zum 20. Juni, eher er seine erste Runde dreht. Er kehrt bis zum 12. Juni zurück. Doch der Aufenthalt kostet Zeit. Erst am 13. 7. ist er im Krebs, am 30. 7. im Löwen, am 15. 8. in der Jungfrau, am 1. 9. in der Waage. Über dem 23. Oktober beginnt die zweite Kehrtwende, die bis zum 8. Oktober zurückführt. Am 8. 11. ist Merkur im Skorpion, am 26. 11. im Schützen, am 15. 12. im Steinbock, am 4. 1. im Wassermann. Dort kommt er nur bis zum 23. Januar, dann kehrt er in den Steinbock zurück bis zum 19. Januar. Am 14. 2. ist er dann wieder im Wassermann, am 12. 3. in den Fischen. Am Ende steht er über dem 5. März. Die Kehrtwenden in den Luftzeichen lassen wiederum auf recht heiteres, vielleicht etwas windiges Wetter schließen.

Aufgrund dieser Planetenläufe wird das Wetter im Jupiter-Jahr 2001 folgendermaßen aussehen:

März Das Jupiter-Jahr beginnt mit recht schönem, warmem Wetter. Der Frühling ist zu spüren. Es regnet nur ganz wenig.

April Sehr schöner, sonniger April. Es kann sogar schon recht sommerliche Tage geben. Fast etwas zu trocken. Erst in den letzten April-Tagen, also ab dem 28., wird es ergiebiger regnen.

Mai Verspätetes Aprilwetter. Kein Tag ist wie der andere. Mal sehr schön, warm, mal wieder kalt und regnerisch – oft von einer Stunde auf die andere. Sehr stürmisches Wetter um den 15. Kälteeinbruch, verspätete Eisheilige um den 25.

Juni Der Monat beginnt sehr heftig, mit orkanartigen Winden. Ab dem 5. wird das Wetter besser, der 12. und der 13. sind dann aber wieder sehr kritische Tage mit Gewittern, Hagel. Bereits der 14. bringt wieder besonders schönes und warmes Wetter. Und das hält dann fast ununterbrochen bis zum Monatsende an.

Juli Zunächst viel zu trocken. Die Natur dürfte darunter leiden. Erst um den 12. fällt der ersehnte Regen. Der 15. bringt dann sehr kalten Regen, der 17. vielleicht sogar Überschwemmungen. Danach wird es aber wieder schön, doch um den 30. regnet es erneut recht ergiebig.

August Im großen und ganzen wird der Monat recht trocken, aber nicht unbedingt sehr heiß. Um den 5. können kalte Nordwinde einbrechen. Um den 10. wird es sehr stürmisch, bis zur Orkanstärke. Das wiederholt sich um den 15. noch einmal. Die zweite Monatshälfte bleibt dann wieder trocken, es dürfte aber immer bewölkt sein.

September Vor allem die erste Woche ist sehr heftig. Vorzeitige Herbststürme mit heftigem Regen und vorzeitiger Kälte. Bis zum 13. ist es dann einigermaßen schön, danach folgt wieder Regen. Nach recht angenehmen Tagen wird es um den 29. wieder regnerisch.

Oktober Kalter Monat. Es wird nur wenige sonnige Tage geben. Kein schöner Herbst. Keine gute Ernte. Am 1. regnet es sehr heftig. Am 3. wird es schon frostig, es fällt bereits der erste Schnee. Am 14. ist es recht stürmisch. Ab 29. Dauerregen.

November Der Monat hat fast nur ungute, trübe Tage. Am 2. ist es unerträglich kalt. Am 4. kann es eine Wetterkatastrophe geben, am 13. stürmisches Wetter mit heftigem Regen, am 16. Stürme, am 25. Wolkenbruch, am 26. erneut stürmisches Wetter. Kein erfreulicher Monat.

Dezember Sehr kalter, frostiger Dezember. Schon um den 3. wird es richtig Winter, es schneit aber noch nicht.

Schnee fällt erst um den 11. Es könnte bis zum 14. durchschneien und zu einem wahren Wetterchaos führen. Klirrend kalter Tag um den 22. Um Weihnachten wird das Wetter aber verträglicher. Schöne Wintertage.

Januar Das schöne kalte Winterwetter hält an bis zum 17. Dann wird es wärmer. Es folgt Tauwetter, das anhält bis zum 27. Am 28. setzt wieder Regen ein, der dann bis zum Monatsende anhält.

Februar Recht schöner Februar. Er bringt bereits eine Reihe sehr warmer Vorfrühlingstage. Der 7. und 13. werden allerdings sehr stürmisch, der 18. sehr kalt. Zwischen dem 24. und 26. sind die schönsten Tage zu erwarten. Ab dem 27. ist es wieder sehr kalt.

März Etwas verregneter März. Recht trübe und stürmische Tage vor allem um den 8., 15. und 17. Es kann noch einmal sehr kalt werden.

Hinweise für Garten, Landwirtschaft und Gesundheit

Die Anmerkungen des Abtes Mauritius Knauer

Die Sommersaat

»Das Jupiter-Jahr ist ein gutes Gerstenjahr. Die Gerste wächst im Überfluß, wenn der Sommer nicht allzu dürr ist. Man tut gut daran, großen Vorrat anzuschaffen, denn von den nächsten zwei Jahren ist nicht viel zu erwarten.

Die Wicken geraten sehr gut, doch Hafer und Erbsen wachsen ebenso spärlich wie Hirse und Heidel (Buchweizen). Flachs und Hanf bleiben klein, sind aber gut.

In diesem Jahr wächst ausreichend Heu und Grummet (zweites Heu). Das gilt allerdings nicht für alle Orte.

Wohlgemerkt: In diesem Jahr muß man sich einen Vorrat an Heu und Futterstroh verschaffen, denn in den zwei nachfolgenden Jahren ist davon wenig zu erwarten.

Kraut und Rüben wachsen schön, wenn auch nicht überall gleich gut.

Der Winterbau

Es sei angeraten, im Frühling und im Herbst keine Schafe über die Äcker mit Winterfrucht treiben zu lassen. Korn und Weizen wachsen sowieso nur sehr dünn. Die Garben fallen mittelmäßig aus, die Halme tragen wenig Körner, besonders beim Korn. Der Weizen wird etwas besser. Zuweilen schießt die ganze Kraft ins Stroh, so daß die Felder prächtig aussehen, aber wenig Ertrag bringen.

Die Herbstsaat

Obwohl es nur langsam zuwintert, ist es doch gut, lieber früher als später zu säen. Das gilt besonders für den Weizen – wegen des rauhen Frühlings, der darauf folgt. Auch in diesem Fall gilt: Keine Schafe auf die besäten Felder, auch wenn die Saat schon kräftig herangewachsen ist. Im Jupiter-Jahr wächst sich die Herbst-Saat selten zu sehr aus.

Das Obst

In diesem Jahr wächst fast nichts oder bestenfalls wenig. Keine Birnen, keine Zwetschgen, Äpfel nur wenige, wenig oder gar keine Nüsse, keine Eicheln, etwas Bucheckern.

Der Hopfen

Die Ernte fällt recht knapp aus, doch ist die Qualität gut. In Böhmen und Sachsen wächst weniger als bei uns im Frankenland.

Darstellung der ›Planeten‹
aus einem Planetenbuch aus dem Jahre 1553

Der Weinbau

In 28 Jahren, also in vier Jahreszyklen, geschieht es kaum einmal, daß im Jupiter-Jahr ein Klassewein wächst. Das war der Fall 1616, und dann nicht wieder bis 1644.

Umgekehrt wächst in manchen Jupiter-Jahren wenig und nur saurer Wein.

Die Regel aber lautet, daß es einen halben Herbst gibt und einen durchschnittlichen Tischwein.

Weil es im Herbst spät zuwintert, darf man sich mit dem Decken getrost Zeit lassen. Darauf verzichten darf man nicht, denn nach Lichtmeß (2. Februar) gibt es viel Glatteis. Mit dem Weinkauf soll man sich in diesem Jahr, wenn kein besonderer Wein gewachsen ist, zurückhalten, denn die drei folgenden Jahre werden rechte Weinjahre.

Wohlgemerkt: Wenn im Jupiter-Jahr, im Mars-Jahr, im Sonnen-Jahr, im Venus-Jahr oder im Merkur-Jahr im Frühling eine Sonnenfinsternis stattfindet, dann wächst im entsprechenden Jahr ein guter Wein. Ähnliches gilt für das Auftauchen eines Kometen. Der Einfluß des Kometen wirkt sich allerdings mehr auf das kommende als auf das laufende Jahr aus.

Die Fische

Alle Fischarten finden sich in diesem Jahr mittelmäßig.

Das Ungeziefer

Wenn das Jupiter-Jahr der Regel entsprechend kalt ist, gibt es wenig Schlangen, Kröten, Heuschrecken, desgleichen wenig Würmer im Getreide – auch wenn sie dort zuvor geradezu eine Plage gewesen sind. Doch im späten Herbst muß man an vielen Orten mit viel Mäusen rechnen.

Wind, Überschwemmungen und Ungewitter

Meistens weht Favonius oder Westwind, bisweilen auch Auster oder Südwind, selten nur Subsolanus oder Ostwind. Obgleich es in diesem Jahr viel und ausgiebig regnet, ist, abgesehen von der Schneeschmelze, nicht mit Hochwasser oder Überschwemmungen zu rechnen.

Im Sommer gibt es ziemlich viele Gewitter, die aber keinen bedeutsamen Schaden anrichten.

Die Krankheiten

In diesem Jahr ist man weniger krank als in den letzten Jahren. Zum Winterausklang gibt es Seitenstechen, innere Geschwüre und hitzige Fieber. Gelegentlich findet sich auch der Schlaganfall, Bräune, Krampf, Herzzittern, Leberentzündung, Kopfschmerzen, Kreuzschmerzen, Blähungen und andere Leiden, die sich aus inneren Vergiftungen ergeben.«

Das
MARS-JAHR
2002

Kalender des Mars-Jahres 2002

	Januar	Februar	März	April	Mai	Juni
1.	Di	Fr	Fr	**O.-Mo.**	Mi	Sa
2.	Mi	Sa	Sa	Di	Do	**So**
3.	Do	**So**	**So**	Mi	Fr	Mo
4.	Fr	Mo	Mo	Do	Sa	Di
5.	Sa	Di	Di	Fr	**So**	Mi
6.	**3 König**	Mi	Mi	Sa	Mo	Do
7.	Mo	Do	Do	**So**	Di	Fr
8.	Di	Fr	Fr	Mo	Mi	Sa
9.	Mi	Sa	Sa	Di	**Himmelf.**	**So**
10.	Do	**So**	**So**	Mi	Fr	Mo ●
11.	Fr	Mo	Mo	Do	Sa	Di
12.	Sa	Di ●	Di	Fr ●	**So** ●	Mi
13.	**So** ●	Mi	Mi	Sa	Mo	Do
14.	Mo	Do	Do ●	**So**	Di	Fr
15.	Di	Fr	Fr	Mo	Mi	Sa
16.	Mi	Sa	Sa	Di	Do	**So**
17.	Do	**So**	**So**	Mi	Fr	Mo
18.	Fr	Mo	Mo	Do	Sa	Di
19.	Sa	Di	Di	Fr	**Pfingsten**	Mi
20.	**So**	Mi	Mi	Sa	**Pf.-Mo.**	Do
21.	Mo	Do	Do	**So**	Di	Fr
22.	Di	Fr	Fr	Mo	Mi	Sa
23.	Mi	Sa	Sa	Di	Do	**So**
24.	Do	**So**	**So**	Mi	Fr	Mo ○
25.	Fr	Mo	Mo	Do	Sa	Di
26.	Sa	Di	Di	Fr	**So** ○	Mi
27.	**So**	Mi ○	Mi	Sa ○	Mo	Do
28.	Mo ○	Do	Do ○	**So**	Di	Fr
29.	Di		Fr	Mo	Mi	Sa
30.	Mi		Sa	Di	**Fronl.**	**So**
31.	Do		**Ostern**		Fr	

	Juli	August	Sept.	Okt.	Nov.	Dez.
1.	Mo	Do	So	Di	**Allerh.**	**1. Advent**
2.	Di	Fr	Mo	Mi	Sa	Mo
3.	Mi	Sa	Di	Do	So	Di
4.	Do	So	Mi	Fr	Mo ●	Mi ●
5.	Fr	Mo	Do	Sa	Di	Do
6.	Sa	Di	Fr	So ●	Mi	Fr
7.	So	Mi	Sa ●	Mo	Do	Sa
8.	Mo	Do ●	So	Di	Fr	**2. Advent**
9.	Di	Fr	Mo	Mi	Sa	Mo
10.	Mi ●	Sa	Di	Do	So	Di
11.	Do	So	Mi	Fr	Mo	Mi
12.	Fr	Mo	Do	Sa	Di	Do
13.	Sa	Di	Fr	So	Mi	Fr
14.	So	Mi	Sa	Mo	Do	Sa
15.	Mo	Do	So	Di	Fr	**3. Advent**
16.	Di	Fr	Mo	Mi	Sa	Mo
17.	Mi	Sa	Di	Do	So	Di
18.	Do	So	Mi	Fr	Mo	Mi
19.	Fr	Mo	Do	Sa	Di	Do ○
20.	Sa	Di	Fr	So	Mi ○	Fr
21.	So	Mi	Sa ○	Mo ○	Do	Sa
22.	Mo	Do ○	So	Di	Fr	**4. Advent**
23.	Di	Fr	Fr	Mo	Mi	Sa
24.	Mi ○	Sa	Di	Do	So	Di
25.	Do	So	Mi	Fr	Mo	**Weihnacht**
26.	Fr	Mo	Do	Sa	Di	**2. Weihn.**
27.	Sa	Di	Fr	So	Mi	Fr
28.	So	Mi	Sa	Mo	Do	Sa
29.	Mo	Do	So	Di	Fr	So
30.	Di	Fr	Mo	Mi	Sa	Mo
31.	Mi	Sa		Do		Di

Die Stunden des Neumondes und ihre Regenten

(Greenwichzeit)

Sonntag 13. Januar	13.29 Uhr (Sonne-Tag)	im Steinbock	= Sonne
Dienstag 12. Februar	07.41 Uhr (Mars-Tag)	im Wassermann	= Sonne
Donnerstag 14. März	02.03 Uhr (Jupiter-Tag)	in den Fischen	= Venus
Freitag 12. April	19.22 Uhr (Venus-Tag)	im Widder	= Sonne
Sonntag 12. Mai	10.46 Uhr (Sonne-Tag)	im Stier	= Saturn
Montag 10. Juni	23.47 Uhr (Mond-Tag)	in Zwillingen	= Mars
Mittwoch 10. Juli	10.27 Uhr (Merkur-Tag)	im Krebs	= Mars
Donnerstag 8. August	19.16 Uhr (Jupiter-Tag)	im Löwen	= Saturn
Samstag 7. September	03.11 Uhr (Saturn-Tag)	in der Jungfrau	= Venus
Sonntag 6. Oktober	11.18 Uhr (Sonne-Tag)	in der Waage	= Jupiter
Montag 4. November	20.35 Uhr (Mond-Tag)	im Skorpion	= Mond
Mittwoch 4. Dezember	07.35 Uhr (Merkur-Tag)	im Schützen	= Mond

Beachten Sie bitte, daß alle Stunden vor 6 Uhr – Sonnenaufgang – den Regenten des Vortages haben.

Die sieben Planeten und ihre Kinder.
Holzschnittserie von Hans Sebald Beham um 1530

Das Jahr des Mars

(2002, 2009, 2016)

»Der Mars ist ein heller Stern, der aussieht, als würde er wie Feuer brennen. Glänzend und erschreckend.

Seiner Natur nach ist er sehr heiß und trocken, ohne Temperament, gallig und cholerisch.

Er ist ein männlicher Planet, der menschlichen Natur zuwider, ein böser Kriegsstifter, einer, der Hader, Zank und jede Art von Zwiespalt bringt. Man nennt ihn ›infortuna minor‹, das kleinere Übel.

Er kommt nach dem Jupiter und ist der Stern für Krieg, Sieg, Alchemie, der Patron der Schmiede, Schlosser und aller Handwerker, die mit Feuer arbeiten. Er steht auch hinter Gewalttaten, Tyrannei und allerlei Roheit.

Er macht seine Schützlinge wild, wütend, jähzornig, cholerisch, keck, vermessen, geschwätzig, verschwenderisch, kämpferisch, aufrührerisch, verschworen, grausam, unverschämt und dergleichen.

So hat er unter sich auch die Bader und Barbiere, Büttel und Büchsenmacher.

Im menschlichen Körper sind ihm zugeordnet das linke Ohr, die Galle, Nieren, Adern, verborgene und sichtbare Geschlechtsorgane.

2002

MARS-JAHR

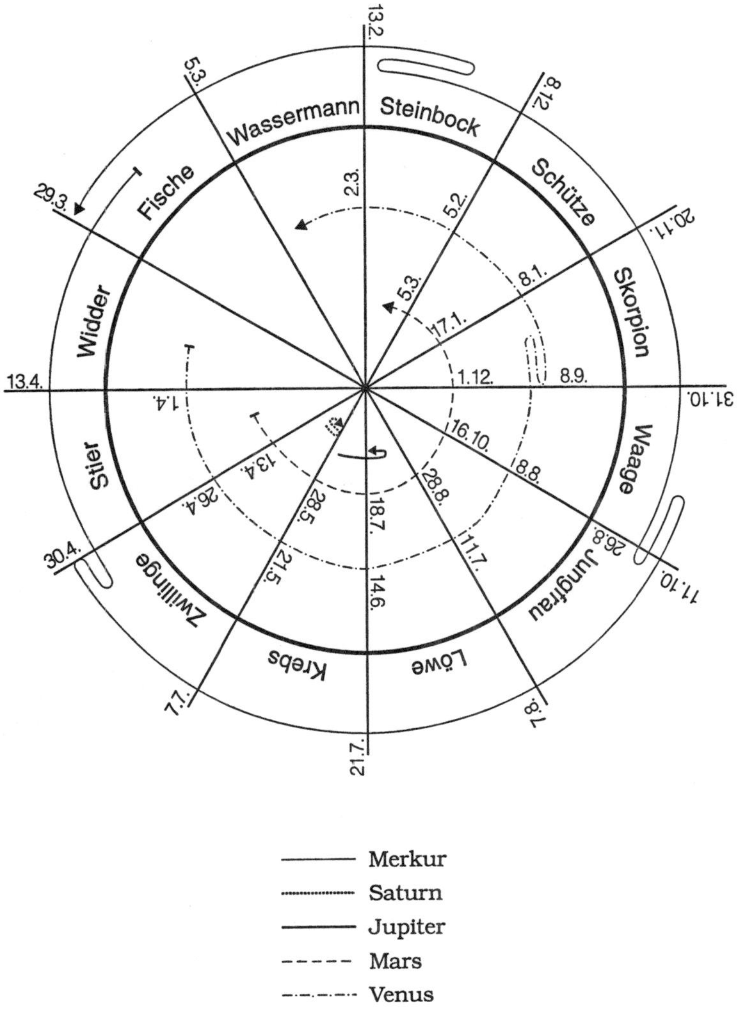

Das Wetter im Mars-Jahr

Das Mars-Jahr ist
gewöhnlich eher trocken als feucht.
Obwohl es zu gewissen Zeiten schon regnet,
gibt es doch mehr trockene
als nasse Tage.

Frühling

Er ist in der Regel trocken, rauh und kalt. Man muß mit großer Sorgfalt darauf achten, daß Schafe nicht auf die Saatfelder und nicht zu lange auf die Wiesen geführt werden, sonst wächst überhaupt nichts.

Der Frühling hat viel Reif, rauhe Luft bis zum 8. Juni, was dem Weinwuchs und allen Früchten schädlich ist.

Sommer

Der Mars hat unter allen Planeten den hitzigsten Sommer. Es kann so heiß werden, daß die Sonne das dürre Holz in den Wäldern entfacht. Auch die Nächte bringen kaum Abkühlung. Die Flüsse führen wenig Wasser.

Herbst

Er ist unterschiedlich. Bisweilen mehr trocken als feucht. Wenn das der Fall ist, gibt es einen sehr guten Wein. Häufiger ist der Herbst im Mars-Jahr allerdings kühl und naß. Vor dem Advent ist kaum mit Winter zu rechnen. Obwohl es im Oktober öfter gefriert, ist doch der November größtenteils warm.

Winter

Er ist ziemlich kalt und mehr trocken als feucht. Er zeichnet sich aus durch große Unbeständigkeit: bald große Kälte, bald kalter Regen, bald Schnee. Das wiederholt sich ständig.

Partikular-Witterung des Mars

März Von der Tagundnachtgleiche ab, dem 21., pflegt es morgens hart zu gefrieren. Die Tage sind aber meistens schön und lustig.

April Gewöhnlich hält der Morgenfrost bis zum 16. noch an. Tagsüber ist das Wetter rauh und gelegentlich mit Schnee vermischt. Danach wird das Wetter milder. Es regnet bis zum 22. Danach gibt es erneut Rauhreif und rauhes Wetter bis zum 29. Endlich fängt es an, schön lustig und warm zu werden.

Mai Der Mai fängt am 2. mit Gewitter an. Dann folgt wiederum rauhes, trübes und kühles Wetter bis zum 7. Danach ist es drei Tage lang mild. Am 10. gefriert es nachts. Es folgen rauhe, trübe, ungestüme Tage mit Reif bis zum 19. Danach wird es schön und warm. Am 29. und 30. hat es wieder Reif und Frost.

Juni Der Monat beginnt mit Reif. Darauf folgt trübes, windiges und unbeständiges Wetter mit Regen. Diese Regen sind allesamt ungeschlacht. Am 8. hat es Reif, am 9. ist es schön und warm. Dieses Wetter dauert dann den ganzen Monat über an, wird bisweilen nur durch Gewitter unterbrochen.

Juli Er bringt große Hitze, sowohl bei Tag als auch bei Nacht. Es sind viele Hagelunwetter und Brände zu befürchten. Es bleibt schön bis zum 11. Dann folgt ein trübes und etwas kühles Wetter mit Regen bis zum 21. Dann wird es wieder warm und hell bis zum 27. Die letzten Tage bringen Regenwetter.

August Nebel in den Morgenstunden. Die Tage sind schön warm und heiß. Den ganzen Monat über bleibt es warm und trocken. Es gibt allerdings etliche Gewitter.

September Er fängt an mit herrlichem, schönem, warmem Wetter. Das dauert bis zum 13. Dann wird es kühler und herbstlich. Es fängt an zu regnen. Bald darauf wird es wieder schön und lustig bis zum 27. Dann gibt es trübes Regenwetter.

Oktober Das schlechte Wetter setzt sich fort. Am 4. gibt es Reif. Danach ist das Wetter wechselhaft bis zum 16., einem schönen Sommertag. Am 24. gefriert es. Dann folgt eine schöne Zeit. Vom 27. bis zum 30. ist es wiederum hart gefroren.

November Frost bis zum 9., nachmittags wird es aber gewöhnlich schön und warm. Am 9. beginnt trübes Wetter mit Nebel und Regen. Es dauert bis zum 22. Dann gefriert es wieder bis zum 29. Nachmittags scheint dann aber die Sonne.

Dezember Er fängt mit Frost an, ist bald trüb, bald regnerisch, bald gibt es Glatteis. Am 10. fällt Schnee. Danach ist es hart gefroren bis zum 18. Einem kurzen Regen folgt erneut große Kälte bis zum Monatsende.

Januar Er beginnt sehr kalt. Am 4. taut es, doch dann wird es gleich wieder kalt. Am 15. bildet sich Glatteis, das etliche Tage bestehen bleibt. Am 19. schneit es. Dann wird das Wetter wechselhaft bis zum 27. Es folgt Regenwetter, vermischt mit Schnee. Das dauert fort bis zum Monatsende.

Februar Trüb und regnerisch bis zum 8. Am 9., 10., 11. herrscht schönes, liebliches Wetter. Es folgen drei Tage, an denen es schneit. Darauf wird es noch einmal sehr kalt bis zum 27. Dann fängt es an zu regnen.

März Es regnet bis zum 7. März, dann schneit es drei Tage lang. Anschließend wird es wieder kalt. Am 10. regnet, hagelt und schneit es. Dann herrscht harter Frost bis zum 17. In den letzten Tagen fällt erneut Regen.«

Das Wetter speziell im Mars-Jahr 2002

nach den Regeln
des Abtes Mauritius Knauer berechnet

Saturn verweilt in diesem Jahr im Sternzeichen Zwillinge und kommt nicht darüber hinaus. Er startet über dem 31. Mai und geht sehr gradlinig seinen Weg bis zum 20. Juni. Dann dreht er um und kehrt bis zum 13. Juni zurück. Dort steht er auch am Ende des Mars-Jahres. Vor allem der Herbst und Winter, die unter dem rückwärtslaufenden Saturn stehen, dürften sehr kaltes, schlechtes Wetter bringen.

Jupiter beginnt seinen Lauf im Krebs über dem 28. Juni. Er durcheilt das Sternzeichen sehr hurtig und hat es bereits am 1. 8. hinter sich gelassen. Im Sternzeichen Löwe kommt er bis zum 10. August. Der Rückwärtslauf führt ihn zurück bis zum 31. Juli. Dort steht er am Ende des Jahres. Mit den besten Wetterphasen ist in den ersten Maitagen, Mitte Juli und Anfang Oktober zu rechnen.

Mars legt in diesem Jahr eine ungewöhnlich lange Strecke zurück. Er startet im Sternzeichen Stier über dem 2. Mai. Am Ende des Mars-Jahres steht über dem 1. Januar. Die Stationen auf diesem Weg: 13. 4. Zwillinge,

28. 5. Krebs, 13. 7. Löwe, 28. 8. Jungfrau, 16. 10. Waage, 1. 12. Skorpion, 17. 1. Schütze, 5. 3. Steinbock. Mars läßt einen sehr heißen Sommer und einen ebenso kalten Winter erwarten.

Venus schafft in diesem Jahr die Umrundung nicht. Sie startet im Widder über dem 5. April und kommt nur bis zum Wassermann, 11. Februar. Bis in den September hinein läuft sie sehr gleichmäßig: 1. 4. Stier, 26. 4. Zwillinge, 22. 5. Krebs, 14. 6. Löwe, 11. 7. Jungfrau, 8. 8. Waage, 8. 9. Skorpion. Über dem 8. November kehrt sie um, wandert zurück bis zum 24. Oktober. Erst am 22. 1. erreicht sie dann den Schützen, am 5. 2. den Steinbock, am 2. 3. den Wassermann. Oktober und November dürften recht regnerisch und neblig werden.

Merkur startet in diesem Jahr weit hinter der Sonne im Sternzeichen Fische über dem 5. März. Am 29. 3. erreicht er den Widder, am 13. 4. den Stier, am 30. 4. die Zwillinge. Über dem 31. Mai erfolgt die erste Kehrtwende. Er wandert zurück zum 23. 5. und ist dann am 7. 7. im Krebs, am 21. 7. im Löwen, am 7. 8. in der Jungfrau, am 26. 8. in der Waage. Über dem 7. Oktober erfolgt die zweite Rückrunde, zurück in die Jungfrau bis zum 21. September. Am 11. 10. ist er wieder in der Waage, am 31. 10. im Skorpion, am 20. 11. im Schützen, am 8. 12. im Steinbock. Über dem 19. Januar dreht er zum dritten Mal um, kehrt zurück bis zum 3. Januar. Erst am 13. 2. erreicht er den Wassermann, am 5. 3. die Fische. Am Ende des Mars-Jahres steht er über dem 20. März.

Aufgrund der Planetenläufe wird das Wetter im Mars-Jahr 2002 folgendermaßen aussehen:

März Recht angenehmes, warmes, wenngleich etwas feuchtes Wetter versprechen die letzten Märztage. Früher Frühling.

Ptolemäus, der König der Astrologie,
berechnet die Sterne mit Hilfe eines Astrolabiums.
Darstellung aus dem Jahre 1515

April Überwiegend freundlich und heiter. Um den 9. beginnen zwar einige recht regnerische und stürmische Tage, doch danach ist es wieder schön bis zum 23. Sehr heftiger Regen am 24. und stürmische Winde am 29.

Mai Schön bis zum 3. Dann stellen sich verfrühte Eisheilige zwischen dem 7. und 9. ein. Sehr kalt, regnerisch, stürmisch. Es kann zu Überschwemmungen kommen. Das Wetter bessert sich bis zum 18. Danach wird es erneut sehr stürmisch und am 26. wieder recht kalt.

Juni Verregneter Juni mit sehr kaltem und unfreundlichem Wetter. Besonders schlimm sind die Tage zwischen dem 7. und 10. Dann wird es etwas angenehmer bis zum 22. Am 23. beginnt es wieder zu regnen. Die letzten Tage sind recht veränderlich, nicht unbedingt schön.

Juli Zwei recht unterschiedliche Monatshälften. Zuerst noch regnerisch, viel zu kalt. Vor allem um den 2. und um den 9. Ab dem 14. wird es dann plötzlich warm und viel trockener. Es gibt dann nur noch zwei kritische Tage: Wolkenbruch am 24. und Wasserkatastrophen am 28.

August Sehr heißer August. Die Hitze bringt aber sehr heftige Wetterkatastrophen mit sich. Gewitter, Hagel, Waldbrände um den 2., stürmisches Wetter am 4. und am 10., erneut um den 20. bis 24. Danach beruhigt sich das Wetter, und es wird wieder sehr heiß.

September Sehr angenehmer, schöner, trockener September bis etwa um den 18. Farbenprächtiger Herbst. Dann schlägt das Wetter um. Es wird regnerisch und dann auch empfindlich kalt. Diese Wetterlage hält dann bis zum Monatsende an.

Oktober Es wird noch einmal richtig schön und fast warm. Das dauert bis zum 13. Dann bricht erneut Kälte ein. Fortan haben wir es mit eher düsteren, unguten, nebligen Tagen zu tun. Besonders naß und kalt werden die letzten beiden Tage des Monats.

November Recht schöner November mit freundlichem, angenehmem Wetter bis zum 15. Dann folgen zwei sehr stürmische Tage, die an der Küste Unwetter bringen können. Das Wetter beruhigt sich danach nur zögernd. Es bleibt eher trübe, neblig, kalt und windig.

Dezember Das wird ein sehr naßkalter, unangenehmer Dezember. Vor allem die Tage zwischen dem 9. und 17. sind sehr düster. Es gibt eisigen Regen, dann Schnee, vielleicht sogar eine Wetterkatastrophe um den 15. Ab dem 19. dürfte es richtig kalt werden. Die Weihnachtstage bleiben wohl kalt, werden aber etwas erträglicher.

Januar Heftiger Schneefall und sehr kaltes Wetter um den 3. Winterstürme am 12. Es bleibt sehr winterlich bis zum 20. Der 21. bis 24. werden sehr schöne Tage, doch ab dem 25. ist es wieder sehr naß und sehr kalt. Besonders häßlich zeigen sich dann die letzten beiden Tage mit starken Niederschlägen und großer Kälte.

Februar Das Wetter bessert sich recht rasch. Es könnte sogar schon ein paar warme Tage geben. Das kippt dann allerdings wieder um den 16, und es wird recht stürmisch. Kalte Winde bringen um den 20. noch einmal den Winter zurück.

März Die ersten drei Tage bringen Tauwetter, recht angenehme Temperaturen. Dann folgt ein sehr windiger 4. Zwischen dem 10. und 17. haben wir sehr regnerische, kalte, windige Tage. Das Jahr geht dann einigermaßen erträglich zu Ende.

Hinweise für Garten, Landwirtschaft und Gesundheit

Die Anmerkungen des Abtes Mauritius Knauer zum Mars-Jahr

Die Sommersaat

»Der Sommerbau wächst im Mars-Jahr unterschiedlich. Wenn die Gerste auf gute, frische Felder und zeitig gesät wird, wächst sie gut und reichlich. Wird sie aber auf sandige oder sonst magere Felder und besonders spät gesät, bleibt sie kurz, dünn im Halm. Sie bringt dann wenig.

Hafer gibt es nicht viel, doch er ist von guter Qualität. Wird er allerdings auf gute Felder gesät, wird der Ertrag noch recht ansehnlich.

Erbsen, Linsen, Wicken sollen auf feuchten Boden gesät werden, damit sie einigermaßen gedeihen. Auf trockenem Boden wird wenig daraus. Wenn man Hirse bauen will, muß sie in diesem Jahr sehr zeitig gesät werden.

Der Flachs gerät nicht besonders, der Hanf bleibt klein und dünnstengelig, ist aber gut.

In diesem Jahr wächst wenig Heu. Normalerweise wächst auch nicht viel Grummet (zweites Heu, Öhmd). Darum soll man die Schafe zeitig von den Wiesen nehmen, wie oben unter Frühling schon geraten wurde.

Der Winterbau

Im Mars-Jahr wächst in Quantität und Qualität hervorragendes Korn, wenn auch die Garben nicht danach aussehen mögen. Der Weizen wird mittelmäßig, vorausgesetzt es werden im Frühjahr keine Schafe auf den Feldern geweidet.

Darstellung der ›Planeten‹
aus einem Planetenbuch aus dem Jahre 1553

Die Herbstsaat

Weil es spät zuwintert, braucht man sich mit der Aussaat nicht zu beeilen. Es ist in diesem Herbst besser, wenn der Samen nicht untergepflügt, sondern obenauf gelegt wird. Solange die Sprößlinge nicht übermäßig groß geworden sind, soll man keine Schafe darübertreiben.

Das Obst

Mars-Jahre sind mittelmäßige Obstjahre. Es gibt etwas mehr Birnen als Äpfel, Kirschen und Zwetschgen gar wenig, ebenfalls wenig Nüsse und keine Eicheln.

Der Hopfen

Was an Hopfen daran bleibt, ist gut. Doch viel Hopfen gibt es nicht. Gefahr droht ihm im Frühling vom Reif und der bissig kalten Luft und im Sommer vom Hagelschlag.

Der Weinbau

Häufig ist das Mars-Jahr ein Hauptwein-Jahr, das alle folgenden sieben Jahre weit übertrifft. Doch es ist immer ein Risiko dabei. In ungeschützten Lagen erfriert er im rauhen, kalten Frühling, besonders am Fuß der Weinberge. In geschützteren Lagen übersteht er meistens die Kälte und wächst dann im Überfluß heran. Sollte es einen nassen Herbst geben, wächst natürlich kein Hauptwein. Aber auch dann darf man immer noch mit einem guten Tischwein rechnen. Wäre im Mars-Jahr der Herbst nicht so stark veränderlich, dürfte man immer mit einem besonders guten Wein rechnen. Wo im Frühling der Wein den Frost übersteht und die Hagelschläge im Sommer keinen Schaden anrichten, ist mit hoher Wahrscheinlichkeit ein vollkommener Herbst und eine sehr reichliche

Weinernte zu erwarten. Deshalb sollte man sich rechtzeitig Fässer besorgen. Nach diesem guten Weinjahr kommen noch einmal zwei Weinjahre. Es ist also ratsam, im Herbst Most (Traubensaft) zu kaufen. Sollte der Wein aber nicht außergewöhnlich gut ausgefallen sein, dann kann das maßvoll geschehen. In den nächsten Jahren wird sich noch genug Gelegenheit bieten, die Vorräte aufzufüllen.

Wenn das Getreide in diesem Jahr billig ist, sind Käufe anzuraten. Aber auch in diesem Fall kann man getrost auf das nächste Jahr warten.

Obwohl man es mit dem Decken der Weinberge nicht sehr eilig haben sollte, darf es doch nicht unterlassen werden, einmal wegen des zu erwartenden Eises als auch wegen des kalten Winters, der den Reben schaden würde, daß sie sich drei Jahre lang nicht erholen würden.

Die Fische

Die Fangquoten bleiben mittelmäßig.

Das Ungeziefer

Man muß mit viel Ungeziefer wie Schlangen, Heuschrecken, Schmetterlingen (deren Raupen) rechnen. So wachsen auch die Würmer im Getreide, sofern man es nicht richtig lagert und nicht sorgfältig genug wartet.

Wind, Hochwasser, Ungewitter

Das Mars-Jahr ist typisch für viele schwere, gefährliche Gewitter und Unwetter mit orkanartigem Sturm und Hagel. Nicht nur den Früchten schaden sie sehr, sondern man muß auch mit Blitzschlag und Brandkatastrophen rechnen. Hochwasser und Überschwemmungen sind nicht zu befürchten.

Krankheiten

Im Mars-Jahr nehmen die hitzigen Krankheiten überhand, gelegentlich auch Seuchen, brennende Geschwüre und Geschwülste, Fieber, das dreitägige Fieber, sowohl beständig als auch in Intervallen, Hautunreinheiten, Gelbsucht, Fistel, Karbunkel, Krebs, rote Ruhr und andere ähnliche hitzige Krankheiten.«

Das
SONNEN-JAHR
2003

Kalender des Sonnen-Jahres 2003

	Januar	Februar	März	April	Mai	Juni
1.	Mi	Sa ●	Sa	Di ●	Do ●	**So**
2.	Do ●	**So**	**So**	Mi	Fr	Mo
3.	Fr	Mo	Mo ●	Do	Sa	Di
4.	Sa	Di	Di	Fr	**So**	Mi
5.	**So**	Mi	Mi	Sa	Mo	Do
6.	**3 König**	Do	Do	**So**	Di	Fr
7.	Di	Fr	Fr	Mo	Mi	Sa
8.	Mi	Sa	Sa	Di	Do	**Pfingsten**
9.	Do	**So**	**So**	Mi	Fr	**Pf.-Mo.**
10.	Fr	Mo	Mo	Do	Sa	Di
11.	Sa	Di	Di	Fr	**So**	Mi
12.	**So**	Mi	Mi	Sa	Mo	Do
13.	Mo	Do	Do	**So**	Di	Fr
14.	Di	Fr	Fr	Mo	Mi	Sa ○
15.	Mi	Sa	Sa	Di	Do	**So**
16.	Do	**So** ○	**So**	Mi ○	Fr ○	Mo
17.	Fr	Mo	Mo	Do	Sa	Di
18.	Sa ○	Di	Di ○	Fr	**So**	Mi
19.	**So**	Mi	Mi	Sa	Mo	**Fronl.**
20.	Mo	Do	Do	**Ostern**	Di	Fr
21.	Di	Fr	Fr	**O.-Mo.**	Mi	Sa
22.	Mi	Sa	Sa	Di	Do	**So**
23.	Do	**So**	**So**	Mi	Fr	Mo
24.	Fr	Mo	Mo	Do	Sa	Di
25.	Sa	Di	Di	Fr	**So**	Mi
26.	**So**	Mi	Mi	Sa	Mo	Do
27.	Mo	Do	Do	**So**	Di	Fr
28.	Di	Fr	Fr	Mo	Mi	Sa
29.	Mi		Sa	Di	**Himmelf.**	**So** ●
30.	Do		**So**	Mi	Fr	Mo
31.	Fr		Mo		Sa ●	

	Juli	August	Sept.	Okt.	Nov.	Dez.
1.	Di	Fr	Mo	Mi	**Allerh.**	Mo
2.	Mi	Sa	Di	Do	So	Di
3.	Do	So	Mi	Fr	Mo	Mi
4.	Fr	Mo	Do	Sa	Di	Do
5.	Sa	Di	Fr	So	Mi	Fr
6.	So	Mi	Sa	Mo	Do	Sa
7.	Mo	Do	So	Di	Fr	**2. Advent**
8.	Di	Fr	Mo	Mi	Sa	Mo ○
9.	Mi	Sa	Di	Do	So ○	Di
10.	Do	So	Mi ○	Fr ○	Mo	Mi
11.	Fr	Mo	Do	Sa	Di	Do
12.	Sa	Di ○	Fr	So	Mi	Fr
13.	So ○	Mi	Sa	Mo	Do	Sa
14.	Mo	Do	So	Di	Fr	**3. Advent**
15.	Di	Fr	Mo	Mi	Sa	Mo
16.	Mi	Sa	Di	Do	So	Di
17.	Do	So	Mi	Fr	Mo	Mi
18.	Fr	Mo	Do	Sa	Di	Do
19.	Sa	Di	Fr	So	Mi	Fr
20.	So	Mi	Sa	Mo	Do	Sa
21.	Mo	Do	So	Di	Fr	**4. Advent**
22.	Di	Fr	Mo	Mi	Sa	Mo
23.	Mi	Sa	Di	Do	So ●	Di ●
24.	Do	So	Mi	Fr	Mo	Mi
25.	Fr	Mo	Do	Sa ●	Di	**Weihnacht**
26.	Sa	Di	Fr ●	So	Mi	**2. Weihn.**
27.	So	Mi ●	Sa	Mo	Do	Sa
28.	Mo	Do	So	Di	Fr	So
29.	Di ●	Fr	Mo	Mi	Sa	Mo
30.	Mi	Sa	Di	Do	**1. Advent**	Di
31.	Do	So		Fr		Mi

Die Stunden des Neumondes und ihre Regenten
(Greenwichzeit)

Donnerstag 2. Januar	20.23 Uhr (Jupiter-Tag)	im Steinbock	= Jupiter
Samstag 1. Februar	10.49 Uhr (Saturn-Tag)	im Wassermann	= Venus
Montag 3. März	02.36 Uhr (Mond-Tag)	in den Fischen	= Mars
Dienstag 1. April	19.19 Uhr (Mars-Tag)	im Widder	= Jupiter
Donnerstag 1. Mai	12.15 Uhr (Jupiter-Tag)	im Stier	= Saturn
Samstag 31. Mai	04.20 Uhr (Saturn-Tag)	in Zwillingen	= Merkur
Sonntag 29. Juni	18.39 Uhr (Sonne-Tag)	im Krebs	= Jupiter
Dienstag 29. Juli	06.53 Uhr (Mars-Tag)	im Löwen	= Mars
Mittwoch 27. August	17.17 Uhr (Merkur-Tag)	in der Jungfrau	= Mars
Freitag 26. September	03.10 Uhr (Venus-Tag)	in der Waage	= Jupiter
Samstag 25. Oktober	12.51 Uhr (Saturn-Tag)	im Skorpion	= Mond
Sonntag 23. November	23.00 Uhr (Sonne-Tag)	im Schützen	= Mond
Dienstag 23. Dezember	09.44 Uhr (Mars-Tag)	im Steinbock	= Merkur

Beachten Sie bitte, daß alle Stunden vor 6 Uhr – Sonnenaufgang – den Regenten des Vortages haben.

Die sieben Planeten und ihre Kinder.
Holzschnittserie von Hans Sebald Beham um 1530

Das Jahr der Sonne
(2003, 2010, 2017)

»Die liebe Sonne ist das Auge und das Leben der ganzen Welt. Sie scheint klar und leuchtend, wie jedermann weiß. Sie wird, sowohl im Aufgehen als auch im Untergang von Venus begleitet. Sie bewirkt trockene und temperierte Wärme.

Ihrer Natur nach ist sie männlich, mittelmäßig warm und trocken. Sie gilt als guter ›Planet‹, sofern sie günstige Aspekte hat, aber als bös, wenn diese Aspekte ungünstig sind.

Unter ihrem Einfluß werden die Leute safranfarbig und schön, kraus, stark, fromm, großmütig, bedachtsam, ruhig, groß, geehrt. Sie gibt ein langes Leben, einen gesunden Leib, macht aufrichtig und guten Gemüts, verleiht königliche Würde, Reichtum, Ehre – und das mehr als alle anderen Planeten.

Die Sonne ist der Stern der Könige, der Fürsten, Grafen, Freiherrn, Hofherrn, der Obrigkeit ganz allgemein. Sie fördert Ehrgeizige, alle die nach Ehren und Würden streben und über andere herrschen möchten.

Im menschlichen Leib sind ihr das Gehirn, die Nerven, das Herz, das rechte Auge der Männer, das linke Auge der Frauen, die Sehnerven und die rechte Seite zugeordnet.

2003
SONNEN-JAHR

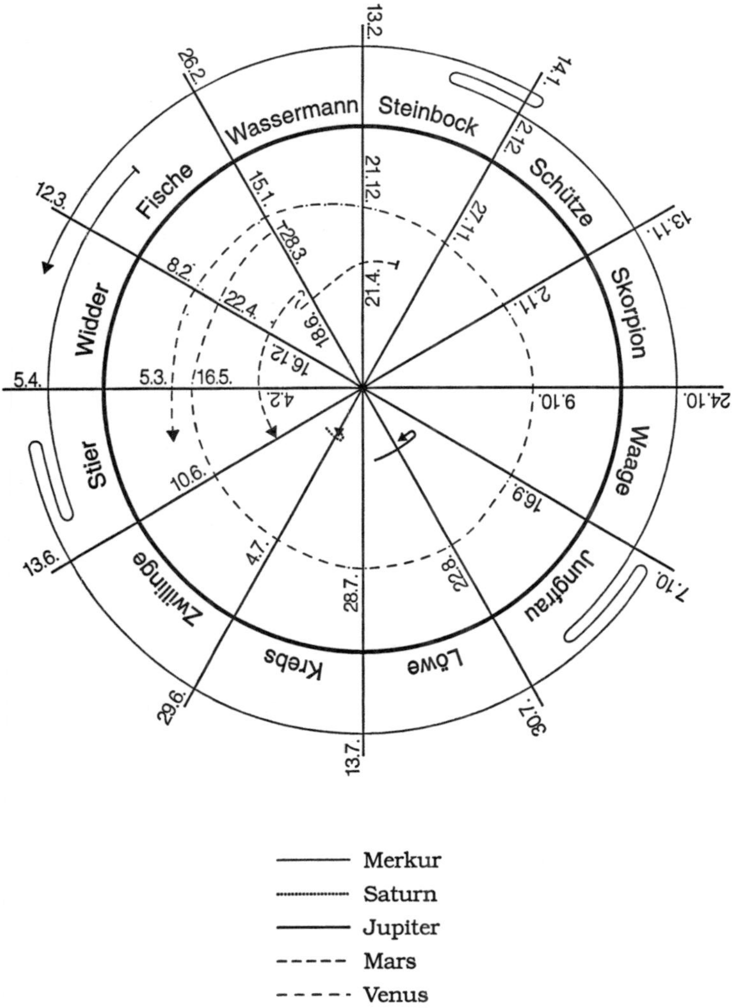

Das Wetter im Sonnen-Jahr

Das Sonnen-Jahr
ist durch und durch mehr trocken als feucht
und mittelmäßig warm.

Frühling

Er ist temperiert, anfänglich noch ziemlich feucht, besonders im April. Dieser Monat zeichnet sich aus durch Unstetigkeit und Unterschiedlichkeit. Der Mai aber schon wird schön und trocken, doch in den letzten Tagen dieses Monats gibt es starken Reif und Frost. Und diese Kälte dauert bis in den Juni hinein. Deshalb muß man sehr aufpassen, daß die Schafe nicht auf die junge Frucht gelassen werden. Nach Möglichkeit sollte man sie auch von den Wiesen fernhalten.

Sommer

Er ist nicht sicher vor Frost und Reif. Daneben muß man aber auch mit großer Dürre rechnen. Der August ist anfänglich ungestüm, danach wird er allerdings wieder hell und still. Die Tage sind in diesem Sommer ziemlich heiß, die Nächte aber kühl. Das Sonnen-Jahr hat fast immer einen sehr schönen Sommer, der allerdings mit ungestümem Wetter endet.

Herbst

Er ist angenehm, trocken und schön. Es gibt frühzeitig Nachtfröste. Tagsüber bleibt es aber warm.

Winter

Er ist ebenfalls mehr trocken als feucht und ziemlich, doch nicht übermäßig kalt. Er beginnt mit rauhem, unlieblichem Wetter, das aber bald besser wird. Der Februar läßt sich mit gutem Wetter an, endet aber mit großer Kälte, die auch in den März hinein währt.

Partikular-Witterung der Sonne

März Von der Tagundnachtgleiche, also dem 21., an fällt Regen und Schnee bis zum 23. An diesem Tag ist es gefroren. Danach wird das Wetter schön bis zum 27. Anschließend ist es trüb mit Regen.

April Er fängt sehr schön an bis zum 5., dann regnet es, es gibt Hagel, und dann gefriert es wieder. Später wird das Wetter veränderlich und sehr unstet bis zum Monatsende.

Mai Am ersten Tag hat es Frost. Ab dem 2. bis zum 22. ist es ganz schön warm, gelegentlich gibt es nur Gewitter. Der 2. ist trüb, unlustig verregnet. Danach gibt es Hagelwetter, und es ist nicht mehr so mild. Vom 29. bis zum Monatsende hat es Reif, Eis und Frost. Wenn der Wein nicht so großes Laub gehabt hätte, wäre alles erfroren.

Juni Anfänglich Reif und rauhe Luft. Der Reif hält an bis zum 7. Dann wird es schön warm bis zum 11. Da ist es windig, regnerisch, schaurig. Am 13. hat es weißen Reif, und es ist gefroren. Am 17. und 18. gibt es erneut Reif und Eis. Daraufhin wird das Wetter warm und heiß. Am Monatsende herrscht veränderliches Wetter.

Juli Der Juli fängt mit kühlem und veränderlichem Wetter an. Das dauert bis zum 9. Er hat erneut Reif. Am 11. beginnt heißes Wetter. Es hält an bis zum Monatsende. Die Nächte sind kühl, es herrscht große Dürre.

August Er beginnt mit warmem Wetter. Bald wird es aber wechselhaft und unlustig bis zum 10. Mit ihm fängt schönes warmes Wetter an, das bis zum 29. dauert. Von da an ist es bis zum Monatsende ungestüm.

September Zunächst herrscht unlustiges, ungestümes Wetter mit Regen. Das hält an bis zum 9. Dann wird es schön bis zum 14. Drei Regentagen folgen drei schöne Tage. Am 20. regnet es bis zum 25. Danach wird es wieder schön. Am 28. ist es wieder schön bis zum Monatsende.

Oktober Schönes Wetter bis zum 7., dann wird es trüb. Am 13., 14. und 15. herrscht eine schöne, lustige Zeit. Am 16. fängt es an zu reifen. Das dauert bis zum 27. Am 18., 24., 25., 26. ist es sogar gefroren. Nachmittags wird das Wetter aber stets schön warm. Vom 27. bis zum Monatsende ist es trüb und neblig.

November Fängt mit schönem, lustigem Wetter an, das bis zum 6. fortbesteht. Dann beginnt es zu regnen. Vom 10. bis zum 16. schneit es. Dann finden sich drei schöne Tage. Danach ist das Wetter bis zum Monatsende unlustig.

Dezember Bis zum 9. trübes Wetter mit Nebel und Schnee. Dann trocken bis zum 12. Es folgen frostige Tage bis zum 27. Dann regnet es. Am 30. und 31. feines Wetter.

Januar Er ist nicht aufgezeichnet worden. Vermutlich aber ist er trocken und ziemlich kalt, doch nicht zu kalt.

Februar Er ist schön und lustig bis zum 11. Am 12. Schnee und Wind, danach bis zum Ende überaus kalt.

März Fängt an mit kaltem Wetter in der Früh, abends taut es. Am 7. und 8. regnet und schneit es durcheinander. Zwischen dem 9. und 23. gefriert es heftig. Der 24., 25., 26. sind trüb mit Regen. Danach bleibt es bis zum Ende des Sonnen-Jahres gefroren.«

Das Wetter speziell im Sonnen-Jahr 2003

berechnet nach
den Regeln des Abtes Mauritius Knauer

Saturn befindet sich zunächst immer noch im Sternzeichen Zwillinge. Er startet über dem 14. Juni und hat am 3. 6. die Zwillinge endlich hinter sich gebracht. Im Krebs kommt er voran bis zum 5. Juli, dann führt ihn der Weg zurück zum 28. Juni. Dort steht er auch am Jahresende. Im Krebs ist Saturn recht feucht und bringt viele Regentage. Die schwierigsten Wetterphasen finden sich Ende Juni, Anfang Oktober und Anfang Januar.

Jupiter zuletzt rückläufig, verharrt zunächst noch über dem 31. Juli. Dann durcheilt er das Sternzeichen Löwe sehr zügig, erreicht am 28. 8. die Jungfrau, kommt dort bis zum 11. September. Dann erst kehrt er um und befindet sich am Jahresende über dem 4. September. Jupiter bringt in diesem Jahr immer wieder sehr schönes, trockenes Wetter, vor allem im Frühjahr.

Mars hat es nicht sehr eilig. Er beginnt seinen Lauf im Sternzeichen Steinbock über dem 1. Januar. Er erreicht am 28. 4. den Wassermann, am 18. 6. die Fische. Dort kehrt er über dem 1. März um und kehrt zurück bis zum 20. Februar. Erst am 16. 12. hat er das Sternzeichen Fische hinter sich gebracht. Am 4. 2. ist er im Stier. Am Ende steht er über dem 20. Mai. Der ungewöhnlich lange Aufenthalt von Mars in dem Sternzeichen Fische spricht gegen gutes Wetter im Sommer. Der Winter dürfte dagegen fast ungewöhnlich werden.

Venus wandert ohne jeglichen Aufenthalt durch dieses Jahr und legt dabei eine ungewöhnlich große Strecke zurück. Sie beginnt im Wassermann über dem 18. Februar und wandert dann hurtig weiter: 28. 3. Fische, 22. 4. Widder, 16. 5. Stier, 10. 6. Zwillinge, 4. 7. Krebs, 28. 7. Löwe, 22. 8. Jungfrau, 16. 9. Waage, 9. 10. Skorpion, 2. 11. Schütze, 27. 11. Steinbock, 21. 12. Wassermann, 15. 1. Fische, 8. 2. Widder, 5. 3. Stier. Am Jahresende steht er über dem 7. Mai.

Merkur beginnt seinen Lauf über dem 21. März, ist bereits am 5. 4. im Stier und kommt voran bis zum 11. Mai. Dann erfolgt die erste Kehrtwende und wandert zurück zum 2. Mai. Dann geht es flott voran: 13. 6. Zwillinge, 29. 6. Krebs, 13. 7. Löwe, 30. 7. Jungfrau. Über dem 19. September kommt es zur zweiten Wende zurück bis zum 5. September. Am 7. 10. ist die Waage erreicht, am 24. 10. der Skorpion, am 13. 11. der Schütze, am 2. 12. der Steinbock. Die dritte Wende erfolgt über dem 5. Dezember. Es geht noch einmal zurück in den Schützen bis zum 19. Dezember. Am 14. 1. ist Merkur wieder im Steinbock, am 7. 2. im Wassermann, am 26. 2. in den Fischen und am 12. 3. im Widder. Am Jahresende steht er über dem 6. April.

Aufgrund der Planetenläufe wird das Wetter im Sonnen-Jahr 2003 folgendermaßen aussehen:

März Das Sonnen-Jahr beginnt recht freundlich. Schöne Tage bis zum 26. Danach setzt Regen ein, der aber nicht besonders kalt sein wird.

April Typisches Aprilwetter mit sehr schnellen Veränderungen. Zunächst ist es einigermaßen erträglich bis zum 12., anschließend wird es aber wieder sehr kalt und regnerisch. Sehr schlechtes, stürmisches Wetter um den 18. Die Wetterlage bessert sich ab dem 21. Die letzten Apriltage werden daher sehr schön.

Mai Recht verregneter, nasser Mai. Kein Wonnemonat. Starke Regenfälle ab dem 4. Nach kurzen Aufheiterungen sehr stürmische, naßkalte Tage zwischen dem 11. und 15.

Der 18. bringt Wetterbesserung, doch nur bis zum 23. Am 24. wird es wieder sehr stürmisch. Und das bleibt so bis zum Monatsende.

Juni Ungewöhnlich kalte Junitage. Bis zum 4. einigermaßen erträglich, dann folgen Tage mit sehr bissigen Winden und Stürmen bis um den 15. Danach wird es wärmer, aber es bleibt regnerisch. Am 23./24. ist es erneut sehr kalt und stürmisch.

Juli Der Sommer kommt nur sehr zögerlich. Die erste Monatshälfte ist noch stark veränderlich, kaum einmal ein wolkenfreier Tag. Das ändert sich aber am 11., und es folgt eine sehr angenehme, warme Woche. Um den 19. setzen Regenschauer ein, dann wird es wieder schön. Am 31. heftige Stürme.

August Trocken bis zum 3. Dann folgen vier Tage mit ergiebigen Regenfällen und Überschwemmungsgefahr. Anschließend wird es jedoch sehr schön und warm bis zum 20. Danach erleben wir wieder sechs üble Tage mit Wetterkatastrophen – starke Regengüsse, heftige Gewitter. Die letzten Tage bleiben verhangen.

September Recht heftige Tage zwischen dem 5. und 10. Dann wechselhaftes, durchwachsenes Wetter bis zum 24. Kälteeinbruch am 25. mit viel Regen, vielleicht sogar schon erstem Eis. Die letzten Tage bleiben neblig trüb – nur wenige Aufhellungen.

Oktober Einigermaßen schönes Herbstwetter bis zum 6. Dann wird es recht kalt und neblig trüb. Die Sonne kommt nur noch selten durch. Heftiger Regen am 18. Danach wechselhafte Tage, mehr naß als trocken.

November Bis zum 5. stürmt und regnet es heftig. Dann folgen die einzigen schönen Tage des Monats: 6. bis 11. Danach wird ein Tag schlechter als der andere. Sehr heftige Tage mit orkanartigen Stürmen vor allem zwischen dem 20. und 24. Es bleibt naßkalt.

Dezember Recht kalte Tage bis etwa zur Monatsmitte. Heftige Schneefälle um den 6. Ab dem 16. wird es wärmer, fast lau. Nur der 22. ist noch einmal winterlich. Zu Weihnachten dürften fast frühlingshafte Temperaturen herrschen. Recht stürmische Tage werden der 30. und der 31.

Januar In diesem sehr trockenen, recht sonnigen Monat gibt es nur zwei etwas kritische Tage: kalte Winde und Sturmböen um den 3., Gefahren durch plötzliches Eis am 22. Alle übrigen Tage dürften als zu warm empfunden werden.

Februar Das Wetter dürfte sich schlagartig ändern. Heftiger Regen am 1. und 2. Es bleibt regnerisch. Stürme um den 9. Plötzlicher Kälteeinbruch am 14. mit Schneefällen. Zwischen dem 22. und 24. kann es zu Wetterkatastrophen mit Hochwasser kommen. Die restlichen Tage sind dann einigermaßen erträglich.

März Die Kälte ist wieder vorbei. Das Sonnen-Jahr verabschiedet sich mit recht warmen, heiteren Tagen. Nur der 12. und der 15. sind kalt und recht windig. Es dürfte auch noch einmal gefrieren.

Hinweise für Garten, Landwirtschaft und Gesundheit

Die Anmerkungen des Abtes Mauritius Knauer zum Sonnen-Jahr

Die Sommersaat

»Sie muß zeitig vorgenommen werden, soweit es sich einrichten läßt, untergesät werden.

Hafer und Gerste werden trotzdem spärlich genug heranwachsen. Die Qualität der Körner wird allerdings gut sein.

In diesem Jahr wächst gute Hirse, falls sie zeitig genug gesät wird.

Es wachsen aber wenig Wicken, Linsen, Erbsen, wenn sie nicht in feuchte und fette Felder gesät werden, auf denen der Mist schon verwest sein muß.

Der Flachs ist wenig wert, der Hanf dünn und kurz, aber gut.

Heu gibt es sehr wenig, weshalb der Hinweis gegeben wurde, man möge die Schafe zeitig von den Wiesen fernhalten. Das Grummet (zweites Heu, Öhmd) fällt unterschiedlich aus. Bisweilen wächst eben das Notwendigste, manchmal sehr wenig oder gar nichts. Besser sieht es auf sehr nassen Wiesen aus.

Kraut und Rüben können wegen der Dürre nicht gut geraten.

Der Winterbau

Das Korn wächst im Sonnen-Jahr vortrefflich, doch der Ertrag ist nicht übermäßig.

Der Weizen besitzt eine hervorragende Qualität, aber die Ernte bleibt klein. Man muß sich vorsehen, daß im Frühling keine Schafe über die Keimlinge getrieben werden.

Die Herbstsaat

Den Herbstsamen muß man untersäen, damit er im darauffolgenden nassen Frühjahr nicht auswachsen wird. Es ist nicht notwendig, allzu zeitig zu säen, doch man darf sich auch nicht allzuviel Zeit lassen, weil es um den 20. November erstmals schneit. Wenn der Schnee auch nicht liegen bleibt, sprudeln die Quellen doch nicht munterer.

Das Obst

Im Sonnen-Jahr gibt es nicht viel Äpfel, aber ausreichend Birnen, viel Kirschen und mitunter auch Zwetschgen. Gleichfalls darf man mit viel Nüssen und Eicheln rechnen.

Der Hopfen

Er läßt sich anfänglich vielversprechend an, doch es wird wenig oder gar nichts daraus, weshalb man sich aus früheren Ernten eingedeckt haben sollte.

Der Weinbau

Ist im vorigen Jahr wider Erwarten kein Hauptwein gewachsen, dann wächst er in diesem Jahr. Mars, Sonne und Venus sorgen nämlich alle sieben Jahre für die rechten Weinjahre. Was in einem Jahr ausblieb, gerät im nächsten. Gewöhnlich finden sich alle sieben Jahre zwei gute Weinjahre. Es kann aber auch einmal sein, daß es im 7-Jahres-Zyklus nur ein gutes Weinjahr gibt. Doch das bleibt ebenso selten wie drei gute Weinjahre hintereinander, wie die Erfahrung lehrt.

Wenn im vorigen Jahr nicht genügend Wein eingekauft wurde, sollte man das in diesem Jahr tun, vorausgesetzt der Wein ist gut geraten. Im Sonnen-Jahr darf man in aller Regel mit einem halben Herbst rechnen. Voraussetzung

Darstellung der ›Planeten‹
aus einem Planetenbuch aus dem Jahre 1553

dafür ist allerdings, daß die Weinstöcke im Frost des Frühlings keinen Schaden gelitten haben. Es geht selten ganz ohne Schaden ab. Im darauffolgenden Jahr wächst stets viel Wein. Zum Einkaufen von Tischweinen kann man sich bis dahin Zeit lassen. Mit dem Decken ist keine Eile geboten.

Wer nicht ausreichend mit Getreide eingedeckt ist, soll sich in diesem Jahr um Vorrat kümmern, sofern das Getreide günstig im Preis ist. Denn im folgenden Jahr wird es nicht unbedingt gedeihen. Auf einen dürren Sommer folgen nämlich immer zwei, drei unfruchtbare Jahre.

Das Ungeziefer

Es gibt im Sonnen-Jahr nicht viel Kröten und Schlangen, aber reichlich Heuschrecken. Die Würmer wachsen gerne im Getreide, weil es vollkommen ist. Sie fressen es aus.

Die Fische

Wiederum gibt es sie mittelmäßig.

Wind, Hochwasser, Ungewitter

In diesem Jahr herrschen oft Ost- und Nordwinde, bisweilen auch Westwinde. Südwinde bleiben seltener. Das Jahr hat viele Unwetter mit Donner, Blitz und Hagel, was bei den Früchten großen Schaden anrichten kann. Es gibt aber keine Überschwemmungen, kein Hochwasser.

Die Krankheiten

In diesem Jahr sind Krankheiten seltener als sonst. Am häufigsten trifft man noch an: Ohnmacht, Epilepsie, Krämpfe, Herzklopfen, Erkältung der Leber und des Magens, Geschwüre an der Gebärmutter und im Unterleib.«

Basteln Sie sich Ihre eigene Wettervorhersage

Wie sollte man das Wetter auf solche oder andere Weise für Wochen und Monate vorhersagen können, wenn nicht einmal die berufsmäßigen ›Wetterfrösche‹ vom Deutschen Wetterdienst in der Lage sind, voll zuverlässige Prognosen für den kommenden Tag zu geben? Wie oft verspricht die Wetterkarte im Fernsehen schönes Wetter – und dann regnet es in Strömen, weil ein Tiefdruckgebiet sehr viel schneller als erwartet herangezogen ist?

Oder: Die Wettervorhersage stimmt zwar einigermaßen für Stuttgart. Doch schon in München herrscht ein völlig anderes Wetter. Sogar in verschiedenen Stadtteilen Münchens kann das Wetter anders sein. Die Gründe für ein derartiges Versagen der Wettervorhersage sind naheliegend – das hat auch der Abt von Langheim, Mauritius Knauer, schon gewußt:

Unsere Heimat – genauer gesagt ganz Mitteleuropa – ist klimatisch betrachtet kein einheitliches Gebiet, für das sich eine allgemeingültige Wettervorhersage machen ließe, die im Norden ebenso stimmt wie im Süden, im Westen genauso wie im Osten.

Zwischen Meer- und Landklima

Mitteleuropa liegt zwischen zwei ›Wetterküchen‹: dem Atlantik im Westen und dem asiatischen Kontinent im Osten. Vom Norden her wirkt sich außerdem die kalte Polarregion aus, im Süden bildet das Alpenmassiv eine ›Wetterschwelle‹, die nicht zuletzt für den gefürchteten Föhn im Nordalpengebiet verantwortlich ist.

Vom Atlantik her, also mit dem Westwind, der am häufigsten weht, ziehen die Störzonen, nämlich Warm- und Kaltluftfronten der atlantischen Tiefdruckgebiete, über unser Land. Sie bringen uns die fast pausenlosen Wetterwechsel. Im Norden sind sie noch häufiger als im Süden, dafür haften sie im Süden dauerhafter und wirken sich deshalb bedeutend stärker aus.

Relativ abgemildert bekommt die Gegend um Berlin das Westwetter. Es ist schon etwas dran an der berühmten ›Berliner Luft‹: Sie wirkt auf den menschlichen Organismus prickelnd anregend und längst nicht mehr so massiv wie in Hamburg oder Schleswig-Holstein.

Vom Osten kommen im Sommer Trockenheit, Schönwetter, im Winter die Kälte und mitunter scharfe Ostwinde mit winterlichen Kälteeinbrüchen. Sie bescheren uns den strengen Winter. Er zeigt sich naturgemäß in den Ostgebieten am härtesten.

Am wenigsten Sonnenschein bekommt das Sauerland ab mit seinem Vorland bis etwa zur Lippe und einem Teil der Kölner Bucht. Ein vorherrschend maritimes Klima besitzt das norddeutsche Tiefland westlich der Weser: Hier regnet es häufiger als anderswo.

Quer durch Deutschland zieht sich südlich davon eine Klima-Scheide von der Eifel über den Westerwald und die Rhön zum Thüringer Wald. Südlich dieser Linie wird das Klima mehr und mehr kontinental, also trockener und sonniger. Am meisten Sonne bekommt die südliche Rheinpfalz, die Oberrheinebene und Süddeutschland östlich des Schwarzwaldes und südlich des Mains.

Im Schwarzwald, im Odenwald, im Schwäbischen und Fränkischen Jura nehmen Bewölkung und Niederschläge wieder zu.

Besonders sonniges Wetter haben auch Schleswig-Holstein und die ganze Ostseeküste – nur sorgen dort frische Winde für kühlere Temperaturen.

Im Winter bedeutet Hochdruck-Wetter vor allem im Süden häufig nicht Schönwetter, sondern düstere, trübe Witterung, vor allem in tieferen Lagen und Tälern. Man muß dann schon auf die Berge steigen, um den prächtigen Sonnenschein zu erleben.

Das alles und noch eine Reihe anderer Faktoren müssen berücksichtigt werden, will man eine präzise Wettervorhersage machen. Doch dazu ist auch der beste Wetterdienst nicht in der Lage. Das Verlesen der ›Wetterkarte‹ würde wenigstens eine halbe Stunde beanspruchen – und wäre immer noch ungenau.

Dazu kommt, daß das, was wir kurz nach 20 Uhr zu sehen bekommen, meistens schon einige Stunden alt ist – nicht selten daher auch bereits überholt oder zumindest korrekturbedürftig. Daran können auch die schönsten Satelliten-Bilder nichts ändern.

Wetterkarte – ohne Hilfen für die Gesundheit

Ein dritter Mangel bei der Darstellung der ›Wetterkarte‹ im Fernsehen: Die Meteorologen verzichten ganz bewußt darauf, Schlußfolgerungen aus dem Wetter für die Gesundheit zu ziehen und gegebenenfalls Hilfen zu geben oder auch Warnungen auszusprechen. Man weiß längst – und daran gibt es keinen Zweifel mehr –, daß das Wetter einen großen Einfluß auf das Wohlbefinden hat, aber auch massiv bei einer Vielzahl von Erkrankungen ›mitspielt‹. Das Wetter selbst macht zwar nicht krank. Doch bei bestimmter Witterung zeigen sich Krankheiten häufiger als sonst, treten Schmerzen heftiger auf, zeigt es sich ganz einfach, ob man angeschlagen ist oder sich einigermaßen in Form befindet.

Schon der Vater der Medizin, der griechische Arzt Hippokrates, hat seine Kollegen vor Jahrtausenden gewarnt: »Seid besonders auf der Hut bei Wetterwechsel! Vermeidet in dieser Zeit den Aderlaß, das Ausbrennen von Wunden und operiert nicht, wenn es nicht unbedingt sein muß.«

Wer kennt heute nicht die berühmten Narbenschmerzen, die den Wetterwechsel lange vorher ankündigen, Kopfschmerzen und Müdigkeit bei Föhn?

Aber das ist längst nicht alles.

Vorsicht, wenn eine ›Front‹ naht!

Schönwetter ist Heilwetter. Es stärkt die Abwehrkräfte, reinigt die Haut, stärkt die Knochen. Farbenpracht und Helligkeit kurbeln die gesamte Hormonproduktion im Körper an, so daß man bei schönem Wetter – wer wüßte das nicht – viel intensiver, optimistischer, froher lebt, als bei schlechtem Wetter.

Aber: Bei solchem Wetter überschätzt man sich auch leicht. Nicht gerade wenige Herzinfarkte ereignen sich an den ersten Schönwettertagen, wenn sich überarbeitete, nicht trainierte Menschen auf Pisten und Trimm-Pfade stürzen, um sich selbst zu beweisen, wie tüchtig sie noch sind.

Und: Je länger eine Schönwetter-Periode andauert, desto schlapper, geistig träger fühlt man sich. Die besten Leistungen werden dort vollbracht, wo sich das Wetter am häufigsten ändert. Bei uns in Mitteleuropa ist das rund hundertmal im Jahr der Fall.

Und: Die Hitzebelastung kann vor allem dann bedrohlich werden, wenn die Luft sehr feucht ist, so daß man nicht mehr richtig schwitzen kann und die Körperkühlung versagt.

Wenn das ›Hoch‹ abzieht und Südwestwind aufkommt, steigen die Unfallziffern rapide an. Bei dieser Witterung ist man besonders nervös – oder, wie etwa Kinder, aufgekratzt. An diesen Tagen sollte man Aufputschmittel wie Kaffee und Tee und Cola einschränken, weil sie die innere Unruhe noch vermehren.

Wenn eine ›Front‹ naht, also ein Tiefdruckgebiet mit seinen Störzonen heranzieht, das Barometer fällt, fühlen sich in erster Linie Leute mit niedrigem Blutdruck schlecht, weil der noch absinkt. Gleichzeitig verändert sich die Beschaffenheit des Blutes: Die Zahl der weißen Blutkörperchen steigt rasch an, die roten Blutkörperchen werden ›klebriger‹, so daß sie leichter als sonst zusammenklumpen. Das bedeutet eine erhöhte Neigung zu Thrombosen und Embolien. In diesen Tagen wirkt etwa ein ›Aspirin‹ besonders gut. Es ›verdünnt‹ das Blut. Andere Medikamente sind bei solchem Wetter ›giftiger‹ oder haben ihre Wirkung eingebüßt. Der Körper reagiert auf die Substanzen anders. Psychisch bedingte Erkrankungen wie Depressionen oder auch Magengeschwüre treten häufiger auf. Doch auch Krankheiten wie etwa der ›Grüne Star‹ sind zahlreicher.

Folgt der Warmfront eine Kaltfront mit kaltem und nassem Wetter, dann müssen sich Patienten vorsehen, die zu Krämpfen oder zu Steinbildungen neigen. Und Herzkranke. Schließlich sind Rheumatiker betroffen. Die Schmerzen werden wesentlich deutlicher verspürt.

Und natürlich gibt es jetzt die typischen ›Erkältungskrankheiten‹. Auch Wunden heilen schlechter.

Man könnte diese Liste der wetterbedingten Krankheiten fortsetzen. An der ›Wetterkarte‹ könnte man tatsächlich gerade in dieser Hinsicht vieles ablesen – um gesünder, freier, besser und glücklicher zu leben. Man sollte das tun. Der Tag dürfte nicht mehr fern sein, an dem sich die Verantwortlichen dazu durchringen werden, diesen Dienst zu leisten. Man kann Millionen Menschen eine so große Hilfe nicht vorenthalten, weil ein paar Hypochonder sich der Warnungen wegen sofort krank fühlen könnten.

Wer aber darüber hinaus exakt und fehlerfrei wissen möchte, wie das Wetter wirklich wird – an dem Ort, an dem er lebt und nicht nur morgen und übermorgen, sondern auch schon im kommenden Skiwinter, der müßte sich seine Wettervorhersage selbst basteln. Er könnte das tun – einmal mit Hilfe der ›Wetterkarte‹ in Zeitung und Fernsehen. Dort erfährt er die momentane Wetterlage, das heißt die Position von Tief- und Hochdruckgebieten über Mitteleuropa.

Andere Gegend – andere Zeiten

Diese beschränkten Angaben ließen sich nun ergänzen durch das ›Spielmaterial‹, das dieser 100jährige Kalender anbietet.

Da sind zunächst die allgemeinen Hinweise des wetterkundigen Abtes von Langheim – gemacht im Maintal, nördlich von Bamberg. Zunächst müßte also dieser ›Beobachtungspunkt‹ relativiert werden. Es ist kein Zufall, daß der 100jährige nicht etwa von Hamburg oder München, sondern von Leipzig aus seinen Siegeszug antrat: Dort stimmt das Wetter mit dem in Langheim noch am ehesten überein. Beide Orte liegen, nicht allzu weit voneinander entfernt, im Osten von Mitteleuropa und besitzen ein überwiegend kontinental gefärbtes Wetter, das relativ beständig ist.

Rheinländer, Badener, Pfälzer werden an den Aufzeichnungen des Abtes vor allem die Schilderungen der ›sibirischen Kälte‹ in harten Wintern als stark übertrieben empfinden.

Der Hamburger wird sich wundern, daß der 100jährige sich so gut wie nie über Weststürme und äußerst selten über Nebel ausläßt. Münchner, Salzburger, Innsbrucker, Bewohner der Schweiz vermissen selbstverständlich den Föhn – überhaupt die Belastungen durch Südwest- und Südwind. An rund 50 Tagen des Jahres – also fast fünf

Tage im Monat – für die der 100jährige Kalender Regen und Wolken verheißt, herrscht in Föhngebieten herrlichster Sonnenschein. Und es ist entgegen der Vorhersage auch nicht kalt, sondern, ohne Rücksicht auf die Jahreszeit, warm. Im Winter schmilzt an solchen Tagen der Schnee in wenigen Stunden dahin. Im Frühling und im Herbst bietet sich der einmalig schöne Fernblick. Gegenden, die sonst vom Dunst verschluckt werden, liegen zum Greifen nahe vor einem – und sehen aus wie frisch aufpoliert. Also: In einem relativ begrenzten Gebiet, das in der Ausdehnung kaum mehr als 100 Kilometer mißt, in der Lage aber von Ort zu Ort sehr verschieden ist, sind die Witterungsverhältnisse zumindest an manchen Tagen völlig anders als im umliegenden Raum. Das muß selbstverständlich berücksichtigt werden, will man für sich selbst eine zuverlässige Wettervorhersage wagen.

Die landschaftlichen Unterschiede ändern allerdings nichts an den allgemeingültigen Wetterregeln. Sie stimmen. Man muß sie nur variieren. Wer einmal damit angefangen hat, wird rasch von der Faszination der Möglichkeiten gepackt werden. Es läßt sich tatsächlich sehr viel machen – und das immer noch präziser, noch langfristiger.

Es gibt sie noch – vor allem in Dörfern: naturverbundene Menschen, die mit dem Wetter vertraut sind. Aus der Wolkenbildung, aus dem Verhalten von Mensch und Tier und aus Veränderungen in der Pflanzenwelt vermögen sie richtige Rückschlüsse auf das künftige Wetter zu ziehen. Und das nicht nur für den nächsten und übernächsten Tag, sondern für Wochen und Monate. Wenn sie beobachten, daß Pferde oder Rinder besonders früh einen dichteren ›Winterpelz‹ bekommen und daraus schließen, daß ein besonders kalter und früher Winter bevorsteht, dann behalten sie fast immer recht. Wie der Abt von Langheim haben sie ein Leben lang Erfahrungen gesammelt und Wetterregeln bestätigt gefunden. Ihre Weisheit wäre es wert, vor dem Vergessenwerden gerettet zu werden. Denn sie ist – wenn oft auch nicht allgemeingültig – für den Heimatort meistens zutreffender und deshalb wertvoller als alle Wetterdienste.

Neben der Einrichtung des 100jährigen für den eigenen Wohnort und die Gegend, in der man lebt, müßte aber auch die veränderte Zeit berücksichtigt werden.

Dieser Kalender hat einiges in dieser Richtung versucht, gewissermaßen die ersten Schritte getan. Die veränderte Planetenstellung wurde ebenso berücksichtigt wie die genauen Daten der Neumonde, die Stunden der Neumonde, Sonnen- und Mondfinsternisse.

Diesen Weg könnte der Interessierte nun folgerichtig weitergehen, wobei die Methode immer mehr verfeinert und verbessert würde, bis man zuletzt das Wetter für jeden Tag des Jahres ›errechnet‹ hat. Damit ließe sich dann auch leicht überprüfen, inwieweit die hier vorgestellten Wetterregeln tatsächlich Gültigkeit besitzen.

Beispiel Nr. 1

Dieses Spiel mit den vielfältigen Faktoren sähe dann etwa folgendermaßen aus:

Angenommen, ich möchte wissen, wie das Wetter in den Tagen der Eisheiligen (11. bis 15. Mai) im Jahr 1998 sein wird. Abt Mauritius Knauer sagt dazu zunächst ganz allgemein: »Der Mai bringt nach den ersten (warmen, lieblichen) Tagen etliche rauhe Tage (Eisheilige), danach wird es bisweilen schön. Allgemein gilt: Im Merkur-Jahr ist oft die zweite Hälfte des Frühlings kalt, rauh, unfreundlich, so daß sowohl der Weinbau als auch die Winterfrucht in große Gefahr gerät. Die Blüte erfriert leicht.«

Seine Erfahrung lautet also: Das Wetter ändert sich Anfang Mai in der Regel, und zwar wird es schlechter. Im

Jahr der Kalender-Aufzeichnungen durch den Abt waren die ersten fünf Tage warm und schön. In den Aufzeichnungen des ›Partikular-Wetters‹ für das Merkur-Jahr heißt es: »Das schöne Wetter dauert an bis zum 5. Dann ist es drei Tage lang windig und rauh. Zwischen dem 8. und 18. wird es schön warm, trocken und heiß ...«

Basteln Sie an dieser Stelle weiter: 1998 fällt der Vollmond im Monat Mai auf den 11. Nach Knauers Erkenntnissen verändert sich das Wetter in aller Regel zwei Tage vor dem Vollmond oder zwei Tage nach dem Neumond. Wir dürften in diesem Jahr die Eisheiligen also kaum verspüren und schönes Wetter haben.

Der Blick auf den genauen Stand der Planeten könnte dieses Bild noch vervollständigen.

Beispiel Nr. 2

Und noch ein weiteres Beispiel: Ich möchte wissen, ob ich den Urlaub 1998 schon Mitte Juli oder erst Anfang August antreten soll. Weil er mich nicht in den Süden, sondern in diesem Jahr in den Schwarzwald oder nach Oberbayern führen soll, spielt das Wetter natürlich eine sehr große Rolle.

»Der Sommer ist ziemlich verregnet ... Zwischen den Regentagen gibt es aber immer wieder ein paar schöne Tage ...«, schreibt der 100jährige. Im Merkur-Jahr seiner Aufzeichnungen sah das Wetter in der betreffenden Zeit so aus: »Regenwetter bis zum 21. Juli. Vom 21. bis zum 27. tagsüber schön, in der Nacht kühl mit Reif. Am 27. und 28. Donner und Regen. Die letzten Tage sind sehr warm. Der August fängt mit großer Hitze an. Am 4. fällt Regenwetter mit großen ungewöhnlichen Sturmwinden bis zum 12. Es folgt ein schöner Tag. Danach herrscht wieder Regen bis zum Ende des Monats. September: Anfangs schönes Wetter. Am 3., 4. starker Regen. Danach feines, schönes Wetter bis zum 9. ...«

Ein Blick auf den Kalender zeigt: Vollmond ist im Juli am 9., im August am 8., Neumond im Juli am 23., im August am 22. Mit Wetterveränderungen ist also jeweils nach der ersten und vor der letzten Woche dieser Monate zu rechnen. Da sich Mars in beiden Monaten – abgesehen von den letzten August-Tagen – im Krebs aufhält, haben wir zwei sehr verregnete Monate zu erwarten. Erst die letzten August-Tage sind etwas besser. Es empfiehlt sich deshalb nicht, den Urlaub in diesen beiden Monaten anzutreten.

Die ›neuen‹ Planeten Uranus, Neptun und Pluto

Ein weiterer Schritt auf dem Weg zur eigenen, präzisen Wettervorhersage wäre dann vielleicht der Einbau jener Planeten in unser System, die zur Zeit des Abtes Knauer von Langheim noch nicht entdeckt waren: Uranus, Neptun, Pluto.

In diesem Buch ist bewußt darauf verzichtet worden, weil es sein Anliegen ist, den 100jährigen so original wie nur möglich darzustellen.

Auch sind sich die Astrologen unserer Tage nicht grundsätzlich darüber einig, welche Rolle Uranus, Neptun und Pluto beim Wetter spielen. Haben sie überhaupt einen Einfluß? Wenn ja, wie sieht ihre ›natürliche Wirkung‹ wirklich ans?

Es stellt sich selbstverständlich sofort auch die Frage: Müßte man vom 7-Jahres-Rhythmus, der sich durch Jahrtausende halten und festigen konnte, abrücken und etwa einen 10-Jahres-Rhythmus einführen, wie er, ebenfalls seit vielen Jahrtausenden, in der chinesischen Astrologie üblich ist?

Würde damit das System von Mauritius Knauer genauer, treffender – oder ganz einfach verfälscht?

Uranus gilt seit seiner Entdeckung im Jahre 1781 als Stern des Umbruchs, der Wandlung, der Revolution, der Technik, speziell der Atomkraft, der überraschenden, plötzlichen Wirkung, des Zufalls. Zu Uranus-Naturen hat man die Wassermann-Geborenen erklärt: Rebellen, die das Alte zerschlagen und immer auf der Suche nach dem Neuen, dem Fortschritt der Erneuerung sind, Menschen, die jeden Zwang leidenschaftlich ablehnen.

Vom menschlichen Körper wurden ihm das Nervensystem, der Kreislauf, Unterschenkel, Fußgelenke, Knöchel zugeordnet. Unter seinem Einfluß soll es vor allem zu Verkrampfungen, Verrenkungen, Verstauchungen kommen.

Uranus ist ein sehr langsamer Planet, seine Verweildauer entsprechend groß. Er braucht 84 Jahre, bis er seine Bahn einmal vollendet hat.

In den kommenden Jahren verharrt er in den letzten Januar- und den Februar-Geburtstagen:
1997: vom 25. Januar bis 1. Februar
1998: vom 29. Januar bis 5. Februar
1999: vom 2. bis 9. Februar
2000: vom 6. bis 13. Februar
2001: vom 10. bis 16. Februar
2002: vom 14. bis 20. Februar
2003: vom 18. bis 24. Februar

Die Betroffenen, so warnen die Astrologen, müssen mit unliebsamen Überraschungen rechnen, dürfen aber vielleicht auch eine Reihe recht erfreulicher Überraschungen und gute, rasche Entwicklungen erwarten.

Für das Wetter könnte der Stand des Uranus in etwa bedeuten: Jahre der überraschenden Wetterstürze vor allem im Dezember/Januar, im April, im Juli und im Oktober stehen uns bevor.

Neptun wurde erst 1846 entdeckt und zum Stern der Illusionen, der Inspiration und der rauschhaften Zustände gemacht. Er soll die Traumwelt beherrschen, das Unbewußte der Seele, der Fantasie und Feinfühligkeit.

Die Fische-Geborenen, sagen die Astrologen, sind typische Neptun-Naturen: fantasiebegabt, einfühlsam, empfindsam, aber nicht selten auch recht empfindlich.

Vom menschlichen Körper wurden dem Neptun das Lymphsystem, die Nervengeflechte (Plexus solaris), die Verdauungs- und Gärungsprozesse zugeordnet. Unter dem Einfluß von Neptun sollen Krebserkrankungen, Gemütsstörungen, eingebildete Krankheiten, Epilepsien entstehen. Ein ›schlechter Neptun‹ bedeute stets auch Irrtum und Täuschung.

Neptun braucht zu einer Umrundung fast 165 Jahre. Entsprechend unbeweglich ›steht‹ er in den nächsten Jahren auf folgenden Daten:
1997: vom 18. bis 22. Januar
1998: vom 20. bis 24. Januar
1999: vom 22. bis 26. Januar
2000: vom 24. bis 29. Januar
2001: vom 27. bis 31. Januar
2002: vom 29. Januar bis 2. Februar
2003: vom 31. Januar bis 4. Februar

Die Betroffenen müssen verstärkt aufpassen, daß sie nicht hintergangen werden und sich nicht an Irrtümer verlieren, daß sie sich nicht in eine fixe Idee verrennen oder zu einer Ideologie verführt werden.

Für das Wetter könnte der Neptunstand bedeuten: Gewisse Wetter-Risiken werden leicht unterbewertet, nicht recht, vor allem nicht rechtzeitig erkannt. Man

Titelbild einer der ältesten erhaltenen ›Bauernpraktik‹: Der Astrolog in seiner Studierstube. Über sich hat er das Schema der Planetenbahnen. Aus den Büchern und Schriften sucht er die Bedeutung der einzelnen Konstellationen zusammen.

hält für gut, was in Wirklichkeit verderblich und schädlich ist.

Solche Risiken wären in den kommenden Jahren jeweils vor allem in der ersten Hälfte von Januar, April, Juli und Oktober gegeben.

Pluto schließlich ist so ›neu‹, daß noch größere Vorsicht bei seiner Deutung geboten ist. Man kennt den entferntesten aller Planeten erst seit 1930, also kaum länger als ein halbes Jahrhundert. Die Erfahrungen über ihn sind noch zu dürftig, als daß man Wesentliches über seinen Einfluß aussagen könnte.

Die Astrologen tun sich auch schwer, eine typische Pluto-Natur zu formulieren und diesen Planeten einem Tierkreiszeichen zuzuordnen. Pluto, so meinen sie, stehe nicht für die eine oder andere typische Eigenschaft eines Menschen, sondern für das Verhalten der Masse, für Gruppendynamik, für den Erfolg in der gemeinsamen Anstrengung, überhaupt für Zusammenfinden und alle Formen der Gemeinsamkeiten. Moderne Astrologen wie Herbert A. Löhlein sind geneigt, dem Einfluß des Planeten einen ›meteorhaften Aufstieg‹, Einfluß auf die Massen und überdurchschnittliche Gewinne und Reichtum zuzuschreiben.

Bei ungünstiger Konstellation soll er für Trennung, Nachteile, Gewaltanwendungen verantwortlich sein.

Pluto braucht zu einer vollständigen Wanderung durch alle Tierkreiszeichen nicht weniger als 247,5 Jahre! Viele Menschen bekommen ›Segen und Fluch‹ des Pluto also zeitlebens nicht direkt zu spüren.

In den nächsten Jahren ist Pluto zu finden:
1997: vom 25. November bis 1. Dezember
1998: vom 28. November bis 3. Dezember
1999: vom 30. November bis 5. Dezember
2000: vom 3. bis 8. Dezember

2001: vom 5. bis 10. Dezember
2002: vom 7. bis 12. Dezember
2003: vom 10. bis 15. Dezember

Wer an einem dieser Daten Geburtstag hat, so könnte man vielleicht mit allem Vorbehalt sagen, muß zusehen, daß er sich nicht absondert, nicht in Einsamkeit verfällt, nicht durch persönlichen Egoismus die Gemeinschaft gefährdet, in der er lebt und arbeitet. Für das Wetter könnte der Pluto-Stand bedeuten: Im November, aber vielleicht auch im Februar, im Mai und im Juli sind jeweils Naturkatastrophen möglich.

Es ist nicht auszuschließen, daß in naher Zukunft weitere Planeten in unserem Sonnensystem entdeckt werden. Wie das Beispiel der drei ›Neuen‹, Uranus, Neptun, Pluto, zeigt, dürfen solche Entdeckungen das bisherige Gefüge ebensowenig durcheinanderbringen, wie das Uranus, Neptun und Pluto taten. Sie wären allenfalls erneut eine Ergänzung im Detail.

Der 100jährige Kalender und die Bauernregeln

Auf unserer Erde gibt es Gebiete, in denen es Tag für Tag pünktlich um 12 Uhr regnet, wie immer auch das Wetter bis dahin gewesen sein mag.

In anderen Kontinenten oder Subkontinenten wissen die Bewohner sehr genau, wann der Winter- und wann der Sommermonsun einsetzen wird. Die Regenperioden sind überaus pünktlich.

Bei uns in Mitteleuropa ist das Zusammenspiel der Wetterfaktoren vielfältiger und variabler. Doch auch hier gibt es ›Zyklen‹, die seit altersher bekannt sind. Um die damit verbundenen Regeln besser im Gedächtnis halten zu können, wurden sie in sehr frühen Zeiten schon mit bestimmten Heiligenfesten in Verbindung gebracht und in volkstümliche Merkverse gefaßt. Diese sogenannten Bauernregeln sind mitunter recht allgemein gehalten, manchmal aber auch recht konkret.

Um nur ein paar typische Beispiele zu nennen:

»Ist der Jänner hell und weiß
wird der Sommer sicher heiß!«

Womit die alte Erfahrung festgehalten wurde, daß einem strengen, kalten Januar mit sonnigem Wetter in aller Regel ein heißer Sommer folgt.

Was allerdings nicht umgekehrt gilt: Sehr heißen Augusttagen, so heißt es in den Bauernregeln, folgt normalerweise ein langer Winter mit viel Schnee.

Es wurde also, ganz ähnlich wie im 100jährigen Kalender, jeweils von einer Jahreszeit (oder einem besonders bestimmenden Teil davon) auf eine andere Jahreszeit geschlossen – aufgrund vielfältiger Erfahrung, die vermutlich viele Jahrtausende zurückreichte.

Nicht selten verweisen Bauernregeln auch auf die Zusammenhänge zwischen Tierverhalten, Veränderungen in der Natur und kommender Witterung:

»Zu Mariä Geburt
fliegen die Schwalben furt.
Bleiben sie noch da,
ist der Winter nicht nah.«

Das heißt: In aller Regel machen sich die Zugvögel in den ersten Septembertagen (Mariä Geburt ist am 8. September) auf den langen Weg in den Süden. Verzögert sich die Abreise, so darf man annehmen, daß es noch nicht so schnell Winter wird.

Oder:

»Hängt das Laub in den November rein,
wird der Winter ein langer sein.«

Hier wurde die Erfahrung weitergegeben: Wenn die Blätter spät von den Bäumen fallen, dann kommt der Winter nicht nur verspätet, er wird zugleich länger in das Frühjahr hinein dauern.

Die ›Lostage‹ sind Markierungspunkte

Die weitaus meisten und bekanntesten Wetterregeln sind jedoch nicht so allgemein wie die Beispiele eben gehalten, sondern sie sprechen von ganz bestimmten Tagen, den sogenannten Lostagen, die gewöhnlich besonders kalt oder warm, besonders naß oder trocken sein sollen – und die Auskunft darüber geben, wie das Wetter zu späteren Zeiten einmal werden wird.

»Wie das Wetter zu Makarius war,
so wird's im September: trüb oder klar.«

Das soll heißen: Das Wetter vom 2. Januar gibt Auskunft über den ganzen September desselben Jahres.

Oder:

»Scheint die Sonn' an Lichtmeß hell,
kommt noch viel Schnee zur Stell'.«

»Lichtmeß trüb,
ist dem Bauern lieb.«

»Wenn's an Lichtmeß stürmt und schneit,
ist der Frühling nicht mehr weit.«

Lichtmeß, das Fest Mariä Lichtmeß am 2. Februar, galt schon immer als besonderer ›Lostag‹. Er war für Gärtner und Bauern wie so eine Art Meilenstein, der verriet, wie weit die Natur in ihrer Entwicklung und Entfaltung in diesem Jahr schon gekommen war, und an dem sich ablesen ließ, wie es weitergehen könnte.

Entscheidend aber war nicht das zufällige Wetter an diesem Tag, sondern das Entwicklungsstadium der Natur: Ein zu früher Frühling, so muß man die Verse übersetzen, bringt die Gefahr eines baldigen Rückfalls in den Winter. Eine langsame, stetige Entwicklung in den ersten Februartagen ist für das Wachsen und Gedeihen bekömmlicher. Gar: Ein noch harter Frost läßt darauf schließen, daß der Winter nun doch bald endgültig ausgespielt hat.

»Mattheis bricht's Eis.
Hat er keins, macht er eins.«

Dies ist dieselbe Regel: Gibt es am Festtag des Apostel Matthäus, am 24. Februar, noch Eis, dann ist das das letzte Aufbäumen des Winters. Es wird rasch wärmer werden. Zeigt sich in dieser Zeit aber schon ein relativ warmer Frühling, dann ist damit zu rechnen, daß es noch einmal kalt wird.

Das ist genau die Geisteshaltung, wie wir sie im 100jährigen Kalender finden. Abt Mauritius Knauer hat solche Regeln sehr wohl gekannt und immer wieder in seine Überlegungen mit einbezogen. Es wäre also völlig falsch, wollte man sagen: Am 2. Februar hat die Sonne geschienen – also wird es bald schneien.

Einmal muß man in Betracht ziehen: Die weitaus meisten Bauernregeln, die sich mit dem Wetter befassen, sind wesentlich älter als unser heutiger Kalender. Im Mittelalter aber, als diese Regeln in unserer Heimat aufkamen, war der damals gültige ›Julianische Kalender‹ schon um einige Tage verschoben, also falsch. Lichtmeß, der 2. Februar, wurde im 16. Jahrhundert nach unserem heutigen Kalender um zehn Tage zu spät gefeiert. Die Wintersonnenwende beging man entsprechend nicht am 23. Dezember, wie es richtig ist, sondern bereits am 13. 12. Und da stimmte der Spruch:

»Sankt Luzen (Lucia)
macht die Nacht stutzen.«

Vom Lucia-Tag an werden die Tage wieder länger. Damals, vor fast 400 Jahren, hat das gestimmt. Nach unserem heutigen Kalender wäre der Spruch unsinnig.

Anders gesagt: Wollte man die Lostag-Regeln wirklich wörtlich nehmen, dann müßte man zumindest die zehn Tage, die im Oktober 1582 bei der Einführung des Gregorianischen Kalenders wegfielen, wieder hinzuzählen. Dann wäre aber nicht mehr der 2. Februar und dessen Wetter der bestimmende Tag, sondern der 12. Februar.

Von ›Eisheiligen‹ und ›Hundstagen‹

Aber genau darum geht es eben nicht, auch wenn dies heute immer noch und immer wieder behauptet wird.

Wichtig ist – und das allein zählt und darf als richtig anerkannt werden –, daß die Wetterkundigen unserer Heimat schon sehr früh erfahren haben: Im jährlichen Wetter gibt es typische Phasen, die sich zu bestimmten Zeiten

Darstellung der sieben ›Planeten‹-Herrscher mit Hinweisen, ob ihre Regentschaft gut, mittelmäßig oder schlecht für den Aderlaß ist. Zu jedem Regenten hat der Künstler die dazugehörigen Tierkreiszeichen gestellt und die ›Kinder‹, das heißt, also die Typen, die von ihm beherrscht werden. Die Darstellung entstand um 1490.

mehr oder weniger regelmäßig einfinden. Die wichtigsten dieser Wetter-Regelfälle sind:

- ✩ Das Weihnachtstauwetter
- ✩ Der erste Vorfrühling zwischen dem 10. und 20. März
- ✩ Die ›Eisheiligen‹ Mitte Mai
- ✩ Die ›Schafskälte‹ im Juni
- ✩ Die ›Hundstage‹ Ende Juli
- ✩ Der ›Altweibersommer‹ Ende September bis Mitte Oktober

Hierbei handelt es sich tatsächlich um Wetterlagen, die mehr oder minder stark ausgeprägt in den meisten Jahren gegeben sind – man darf sie nur nicht auf den Tag genau festlegen. Gelegentlich können sie in einem Jahr auch fehlen.

»Die drei Azi
sein rechte Bazi«,

sagt man in Bayern und in Tirol. Gemeint ist: An den drei Maitagen Pankraz (12. 5.), Dervaz (13. 5.) und Bonifaz (14. 5.) und am Tag der berühmten ›kalten Sophie‹ (15. 5.) muß in jedem Jahr mit einem recht rauhen Kälterückfall gerechnet werden.

In Norddeutschland fürchtet man den Kälteeinbruch der ›Eisheiligen‹ richtigerweise einen Tag früher. Tatsächlich zieht die Kälte, wenn sie kommt, von Norden nach Süden – bedingt durch ein kräftiges Hoch über Osteuropa, so daß Süddeutschland die kalte Luft einen Tag später bekommt.

Vom gefürchteten ›Siebenschläfertag‹ (27. Juni) heißt es:

»Fällt auf Siebenschläfer Regen ein,
soll's für sieben Wochen sein.«

Und auch die umgekehrte Regel gibt es: Wenn dieser Tag schön ist, bleibt es sieben Wochen lang schön.

Das muß wiederum so verstanden werden: Ende Juni/Anfang Juli, diese Zeit bildet eine Art Wetterschwelle für unsere Heimat. An ihr entscheidet sich oft, ob der Sommer gut oder weniger gut wird. Zeigen sich die Tage um den 27. Juni naß und kalt, bleibt es oft tatsächlich auf Wochen naß und kalt. Und umgekehrt.

Ein Gegenstück zu dieser Wetterregel ist jene, die sich auf den Wetter-Wendepunkt Dreikönig richtet:

»Wenn bis Dreikönig kein Winter,
kommt keiner mehr dahinter.«

Diese Weisheit resultiert aus der Erfahrung, daß das milde Wetter um Weihnachten, beherrscht von lauer Weströmung, oft in den Januar hinein fortdauert, weil die Wetterlage ungewöhnlich beständig ist – vorausgesetzt, sie hat zunächst bis zum 6. Januar fortbestanden.

Die ›Schafskälte‹ ist ein Kälteeinbruch, vergleichbar dem der ›Eisheiligen‹. Auch diese ungastlichen Tage finden sich mehr oder weniger regelmäßig in jedem Jahr um den 15. Juni, Sankt Veitstag:

»Sankt Veit
dreht die Blätter auf die Seit'.«

Oder:

»Sankt Vit
bringt den Regen mit.«

Wieder ist eine typische Wetterlage dafür verantwortlich, die sich im frühen Sommer mit gewisser Regelmäßigkeit einstellt: Feuchtkalte Meeresluft streicht vom Nordatlantik her über den bereits erwärmten Kontinent. Die ›Fronten‹ prallen heftig aufeinander.

Diesen unfreundlichen Tagen – ohne Frost, aber mit viel Turbulenzen – folgen in der Regel die warmen ›Hundstage‹. Sie heißen nicht so, weil die Hunde unter der großen Hitze zu leiden beginnen, sondern weil in diesen Tagen der Hundsstern (Sirius) aufgeht. Vor allem in südlichen Regionen sind die folgenden Juliwochen häufig sehr heiß.

Eine Bauernregel zu den Hundstagen lautet:

»Hundstage hell und klar,
zeigen an ein gutes Jahr.
Werden Regen sie begleiten,
kommen nicht die besten Zeiten.«

Mit dieser Weisheit wird vor allem auf die bevorstehende Ernte, speziell auf die Weinlese angespielt. Denn nur wenn es jetzt trocken und warm ist, lassen sich später die Feldfrüchte gut einbringen, und der Wein bekommt die rechte Süße.

Der ›Altweibersommer‹, von vielen als die schönste und angenehmste Zeit des Jahres gepriesen, ist eine Schönwetter-Periode Ende September. Mit schöner Regelmäßigkeit stellt sie sich vor allem im Südosten Mitteleuropas ein. Den Namen hat sie bekommen von den Spinnfäden, die in dieser Zeit durch die Luft schweben: Die Spinnen stoßen diese Fäden aus und lassen sich schließlich selbst von ihnen im Herbstwind davontragen. In früheren Zeiten nannte man dieses Gespinst in der Luft Marienseide oder Liebfrauenfäden.

Die Bauernregeln sagen:

»September Anfang mit feinem Regen,
kommt allezeit dem Bauern gelegen.
September schön in den letzten Tagen,
will einen schönen Herbst ansagen.«

Die vielen kleinen Wetterphasen

Neben diesen großen Wetterphasen gibt es noch eine Fülle kleinerer Regelmäßigkeiten, die ebenfalls schon vor vielen Jahrhunderten beobachtet und in Regeln gefaßt wurden. Solche stets sich wiederholende Wetterereignisse werden von der modernen Meteorologie übrigens unter dem Begriff Singularismus anerkannt. Man weiß heute, daß sie durch großräumige Umstellungen der Zirkulation der Atmosphäre zustande kommen und einen Spielraum von etwa sechs Tagen haben.

Hier nur eine kleine Auswahl:

»Fabian, Sebastian,
fängt der rechte Winter an.«

Der Hintergrund: Sehr häufig findet sich im letzten Januardrittel (Fabian und Sebastian haben ihren Gedenktag am 20. 1.) ein kräftiges Hochdruckgebiet mit wunderschönen, recht kalten Wintertagen.

»Die heilige Dorothee
bringt den meisten Schnee.«

Um den 6. Februar schneit es tatsächlich besonders gerne.

»Magdalena weint um ihren Herrn.
Deshalb regnet's an ihrem Tag gern.«

Um den 22. Juli gießt es nicht gerade selten in Strömen.

»Wie das Wetter an Hippolyt,
so es mehrere Täg' geschieht.«

Zwischen dem 13. August und dem letzten Augustdrittel findet in der Tat – und das gilt hauptsächlich für Südwestdeutschland – selten ein Wetterwechsel statt, so daß man zwar nicht mit Sicherheit, aber doch mit großer

Wahrscheinlichkeit davon ausgehen kann, daß das Wetter ein paar Tage lang so bleiben wird, wie es um den 13. 8. ist.

»Wenn's Sankt Severin gefällt,
bringt er die erste Kält'.«

Das ist die Warnung an den Landwirt und Gärtner: Paßt auf! Mag es noch so heiter und sonnig sein: Um den 23. Oktober muß man in jedem Jahr mit dem ersten schweren Frost rechnen.

»Wäscht Kathrein,
trocknet Andreas.«

In den letzten Novembertagen findet sich in gewisser Regelmäßigkeit ein Wetterwechsel. Wenn es also am Tag der heiligen Katharina (25. 11.) regnet, darf man mit schönem Wetter am letzten Tag des Monats, am Andreastag (30. 11.), rechnen.

»Wie es Adam und Eva spend't,
bleibt das Wetter bis zum Jahresend'.«

Der Stammeltern Adam und Eva gedenkt man seit altersher am Vorabend von Weihnachten (24. Dezember). Auf diese Wetterphase – gewöhnlich ist sie sehr mild – wurde schon hingewiesen. Wer am Weihnachtsabend, angesichts der neuen Skiausrüstung noch hofft, es könnte draußen über Nacht doch noch weiß werden, der sah sich bisher nahezu immer getäuscht. Das Wetter ändert sich nicht in diesen Tagen.

Man muß es vielleicht noch einmal ausdrücklich betonen: Solche Wetterregeln – vor allem jene mit kurzfristigen Hinweisen – waren nicht auf ein ganz bestimmtes Datum fixiert. Lichtmeß, Mariä Verkündigung, Servatius, Sankt Veit – die zahlreichen ›kleinen‹ Patronatsfeste der Heimatgemeinden, hatten im Leben der Menschen vor zwei, drei, vier Jahrhunderten ihren festen Platz und dienten als Markierungspunkte. Die Wetterregeln wollten niemals sagen: So und nicht anders wird es kommen. Sondern sie gaben den wichtigen Hinweis: Aufgrund tausendfältiger Beobachtung ist die Wahrscheinlichkeit groß, daß es so und nicht anders sein wird. Dieser Spruch entspricht der Regel – aber jede Regel hat selbstverständlich ihre Ausnahme. In einem Jahr kann es auch einmal ganz anders sein.

Die Leute, die sich an solche Wettersprüche und Bauernregeln gehalten haben, sind gut damit gefahren. An jeder dieser Regeln, mag sie sich noch so seltsam anhören, ist ›etwas Wahres dran‹.

›Betriebsanleitungen‹ für die Landwirtschaft

Doch neben den Hinweisen auf die großen und kleinen Wetterphasen, die mit einer gewissen Regelmäßigkeit Jahr für Jahr wiederkehren, gibt es noch eine ganz andere Sorte von Bauernregeln. Sie könnten samt und sonders aus dem 100jährigen Kalender stammen. Sie geben Hinweise: Wenn das Wetter zu einer bestimmten Zeit so ist, lassen sich Rückschlüsse daraus für die Ernte im nachfolgenden Herbst ziehen. Manche dieser Regeln ist auch nichts anderes als eine Art ›Betriebsanleitung‹ für die Landwirtschaft:

»Watet Sankt Vinzenz im Schnee,
gibt es viel Heu und Klee.«

Abt Mauritius Knauer hätte gesagt: Ein schneereicher Winter im letzten Januar-Drittel (Vinzenz wird am 22. 1. gefeiert) sorgt für gutes Wachstum auf den Wiesen.

»Gregor zeigt dem Bauern an,
ob er im Felde säen kann.«

Oder:

»Gertraud
führt die Kuh zum Kraut,
das Roß zum Zug,
die Bienen zum Flug.«

Um den 12. März (Gregor), in manchen Gegenden eine Woche später um den 17. (Gertrud), ist es soweit, daß die Arbeit auf den Feldern beginnen kann. Die Kühe kommen auf die Weide, das Pferd vor den Pflug, die Bienen beginnen auszuschwärmen.

Solche Verse sollten dem Landwirt eine gewisse Sicherheit im Handeln vermitteln: Es hat zwar schon oft so ausgesehen, als wäre der Winter endgültig vorbei. Diesmal ist es wirklich der Fall. Man braucht keine Sorge zu haben, der harte Frost könnte noch einmal zurückkehren.

Gregor ist auch für die Vorhersage einer guten Obsternte herangezogen worden:

»Sankt Gregor hell und klar,
gibt ein gutes Obstjahr.«

Unverkennbar wird hier auf die Bedeutung eines sonnigen Vor-Frühlings für die Baumblüte hingewiesen. Ein Vers, der in Südtirol zu Hause ist, für Franken oder auch Bayern und das Alte Land keine Gültigkeit besitzt.

»Ist zu Georgi das Korn so hoch, daß sich
ein Rabe darin verstecken kann, dann gibt es
ein gutes Getreidejahr.«

Diese Regel hätte der Abt von Langheim wohl nicht bedenkenlos unterschrieben, machte er doch den deutlichen Unterschied zwischen dem Getreide, das viel Stroh,

So hat Meister Hansen Virdung von Haßfurt für den März 1523 die Stellung der Planeten Saturn, Jupiter und Mars, sowie die Mondfinsternis dargestellt.

aber wenig Körner bringt, und der guten Getreideernte, die nicht unbedingt dicke Garben voraussetzt. Georg steht am 24. April im Kalender. Zu dieser Zeit sollte die Frucht allerdings schon 20 bis 30 Zentimeter hoch stehen.

Einverstanden gewesen wäre Abt Knauer dagegen mit folgender Regel, er hätte sie allerdings eingeschränkt auf Venus-, Jupiter- und eventuell Mars-Jahre:

»Nasser April – trockener Juni.
Trockener Juni – nasser Sommer.«

Hier werden wiederum typische Naturrhythmen angesprochen: Wellenbewegungen des Wetters, die ganz bestimmten, heute nachprüfbaren physikalischen Gesetzen folgen.

Ähnlich sind die folgenden Verse zu verstehen:

»Kühler Mai – volle Kasten!«

Und:

»Abendtau und kühl im Mai,
bringt Wein und viel Heu.«

Und:

»Vor Johannis bet' um Regen,
nachher kommt er ungelegen.«

Zu frühe Trockenheit und Wärme, aber auch ein zu rasches Wachstum, darauf hat Knauer immer wieder hingewiesen, wirken sich auf den Erntesegen keineswegs positiv aus. Die Johannisnacht (24. Juni) wurde in früheren Zeiten als ›Sommerweihnacht‹, als großer Wendepunkt der Zeiten angesehen. Jetzt, da die Tage wieder kürzer werden, sagte man, sollte das Wachsen in der Natur abgeschlossen sein und das Reifen beginnen.

»Ist's von Petri bis Laurenzi heiß
(vom 1. bis 10. 8.),
dann bleibt der Winter lange weiß.«

Oder:

»September schön in den ersten Tagen,
will schön den ganzen Herbst ansagen.«

Oder:

»Ist Sankt Lambert klar und rein (18. 9.),
wird das Frühjahr trocken sein.«

Oder:

»Tritt Matthäus stürmisch ein (21. 9.),
wird's bis Ostern Winter sein.«

Vergleicht man solche Regeln, die vom August- und Herbstwetter ausgehend auf Herbst und Winter zielen, wiederum mit den Aussagen des 100jährigen Kalenders, dann findet man auch hier: Für die meisten Jahre stimmen die Aussagen deutlich überein: Baut sich in den ersten Septembertagen über Mitteleuropa ein kräftiges ›Hoch‹ auf, was recht häufig der Fall ist, dann erweist es sich als sehr beständig und stabil. Mit einer sehr heißen ersten Augustwoche und stürmischen letzten Septembertagen scheint ebenfalls in einer Art Gesetzmäßigkeit ein langer, schneereicher Winter verbunden zu sein.

Das geht folgerichtig so weiter:

»Wenn der Oktober gelinde war,
folgt ein klarer Februar.«

Gewiß nicht notwendigerweise, aber es ist doch sehr oft so. Und nicht rein zufällig, sondern weil eine Gesetzmäßigkeit dahinter steckt. Die Meteorologen werden eines Tages dahinterkommen, warum das so ist.

Der Spruch scheint auch in der Umkehrung zu stimmen:

»Bringt der Oktober viel Frost und Wind,
werden Jänner und Feber gelind.«

Oder, ein fast schon unheilverkündender Vers:

»Ist an Mariä Opferung das Wetter schön bestellt,
daß die Imme Ausflug hält,
wird das nächste Jahr fürwahr
ein böses und teures Hungerjahr.«

Das soll heißen: Wenn gegen Ende November (21. 11.) die Bienen noch fliegen, weil es draußen noch warm und schön ist, muß man mit einer schlechten Ernte im nächsten Jahr rechnen. Man erinnert sich unwillkürlich an die Warnung von Abt Knauer: Die eigentlich gefährlich kalten Winter sind nicht jene mit Eis und Schnee, sondern die scheinbar milden, in denen der Boden nicht rechtzeitig gefriert, so daß die Wärme wie durch offene Poren ausströmen kann und verlorengeht. Im Frühjahr fehlt diese Wärme von unten den Wurzeln. Sie müssen verkümmern.

Zwei Bauernregeln sagen das noch deutlicher, sie könnten direkt vom Abt von Langheim stammen:

»Ist das Erdreich beim ersten Schnee naß
und offen,
braucht man auf kein Getreide hoffen.«

Oder:

»Wenn's nicht recht wintern tut,
wird der Sommer selten gut.«

Schließlich:

»Weihnachten im grünen Kleid,
hält Ostern den Schnee bereit.«

Oder:

»Christfest naß – leeres Faß.«

Oder:

»Bläst der Wind am Stephanstag recht,
wird der Wein im nächsten Jahr schlecht.«

Weisheit gegen Wissenschaft?

Es ist oft unternommen worden, solche Spruchweisheiten gegeneinander auszuspielen, gegensätzliche Aussagen herauszufischen, um damit zu beweisen: Also kann das alles nicht stimmen.

Das ist ebenso vordergründig und falsch und zeugt nur von Unkenntnis wie das Pauschalurteil: primitiver Aberglaube.

Selbstverständlich ist im Laufe der Jahrhunderte manche Aussage abergläubisch verwendet worden, weil die ursprüngliche Einsicht verloren war und man den Sinn nicht mehr verstand. Solcher Mißbrauch ändert nichts am ursprünglichen Wert der Hinweise.

Es wäre endlich an der Zeit, den Weisheiten der Alten weniger voreingenommen und mit sehr viel weniger Hochmut gegenüberzutreten. Denn würden sich die Wetterkundigen unserer Tage einmal die Mühe machen herauszufinden, aus welcher Gegend die einzelne Bauernregel stammt, wie alt sie genau ist und was sie tatsächlich aussagen will, dann müßten sie vermutlich mit Beschämung eingestehen: Die Erfinder der Bauernregeln wußten mehr als wir heute! An den alten Bauernregeln ist nicht nur etwas Wahres dran, sondern sie stimmen so vortrefflich, daß man sich danach richten kann.

Sieht man heute nach, was unter dem Stichwort

›100jähriger Kalender‹ im Lexikon steht, dann findet man Formulierungen wie: »Auf Aberglaube und Astrologie beruhende, unwissenschaftliche Zusammenstellung von Wetterregeln.«

Daran stimmt nicht ein einziges Wort. Woher nimmt man eigentlich die Kühnheit, so zu tun, als wäre die Menschheit durch viele Millionen Jahre hindurch unwissend, dumm, abergläubisch, kurz einfältig gewesen? Als dürfte man alle Aussagen der Dummköpfe aus früheren Zeiten als falsch und überholt beiseite schieben? Ist die Weisheit erst in unseren Tagen entdeckt worden? Sind wir wirklich so gescheit, die ersten ›Wissenschaftler‹ überhaupt, die sich nicht um das zu kümmern brauchen, was andere vor uns beobachtet, erkannt, gedacht haben? Oder macht uns nicht gerade diese hochnäsige Haltung erst lächerlich?

Vor rund 100 Jahren haben sich viele Leute als ›Wetterprophetin‹ die sogenannte ›Paternostererbse‹ gehalten, eine Kletterpflanze, deren giftige, kugelartige Früchte als Perlen für Ketten und Rosenkränze verwendet wurden. Daher auch der Name.

Diese Pflanze besitzt nun aber auch erstaunliche Fähigkeiten: Sie reagiert überaus empfindlich auf Luftfeuchtigkeit, wahrscheinlich auch auf elektrische und magnetische Verhältnisse der Luft. Die Blättchen stellen sich bald senkrecht in die Höhe. Unter bestimmten Bedingungen drehen sie sich um die Blattrippen, in anderen Fällen stehen sie ganz waagrecht.

Der österreichische Naturforscher J. F. Nowack hat diese Pflanze jahrzehntelang sehr genau beobachtet und jede ihrer Bewegungen studiert und mit dem Wetter in Beziehung gesetzt. Bald konnte er, wie es in einer Schrift aus dem Jahre 1913, erschienen in Regensburg, heißt, »überraschend sichere Wettervorhersagen machen«: Je mehr sich die Blättchen nach oben bewegten, desto kräftiger hellte sich das Wetter im Umkreis von rund 100 Kilometern auf. Und zwar durfte man innerhalb von drei Tagen mit der Wetterbesserung rechnen. Drehten sich die Blättchen spiralenförmig um die Blattrippe, dann kam Wind auf. Ließ die Pflanze ihre Blätter mehr oder weniger hängen, dann kam sicher in den nächsten Stunden schlechtes Wetter mit Regen. Und so weiter.

Seinen größten Triumph erlebte der österreichische Forscher mit der Vorhersage von Erdbeben – ebenfalls an seiner Paternostererbse abgelesen.

Im Jahre 1891 versicherte nämlich Professor Palmière in Neapel, die Erdbeben in Norditalien und die Ausbrüche des Vesuvs wären für längere Zeit vorbei.

Nowack bestritt diese Aussage und warnte seinerseits vor neuen und heftigen Ausbrüchen. Er gab sogar genaue Daten an – und behielt recht.

Im selben Jahr, drei Monate vor der Katastrophe, kündigte Nowack auch ein fürchterliches Beben in Japan an: »Mitte September wird Japan von einer schweren Erdbebenkatastrophe heimgesucht«, schrieb er in verschiedenen Zeitungen.

Mitte September bebte die Erde wirklich – aber nicht in Japan, sondern in Mitteleuropa. Die Japaner freuten sich über den Irrtum des österreichischen Wetterforschers. Doch Nowack erklärte: »Wähnt euch nicht in Sicherheit! Euer Beben kommt noch. Bald.« Und tatsächlich, am 2. November wurden durch ein schreckliches Beben in Japan viele Städte zerstört, über 2000 Menschen unter den Trümmern begraben oder von den Meereswogen verschlungen.

Kann eine kleine Pflanze, zu Hause auf den Balkon gepflanzt, tatsächlich ein Erdbeben in Japan auf der anderen Seite der Erde ankündigen?

Wir werden auf diesem Gebiet noch viel, sehr viel zu lernen haben!